この1冊で技術者不足を乗り切る

建設事務スタッフ育成マニュアル

降籏達生・中井良太 著
日経コンストラクション・
日経クロステック 編

はじめに

　建設業では人手不足が深刻で、とりわけ、施工管理業務を担う建設技術者が足りない状態が続いています。建設会社の多くは技術者の採用がうまくいかず、ようやく採用できた人材も、入社後3年以内に約3割が辞めてしまうようです。

　このような状況を招いている原因の1つは待遇です。建築物・構造物は巨大で複雑な構造のため、築造に当たっては緻密に計画しなければなりません。また、それを何十年にもわたって使い続けるには維持管理も重要で、そのために、多くの書類や図面に構造物の仕様、使用資材、施工状況などを記録しておく必要があります。現場における施工業務だけでなく、こうした事務業務にも追われることが建設技術者の待遇悪化につながっているのです。

　その対策として、書類作成や図面修正、写真整理といった建設技術者が抱える事務業務を、本社や支店、現場事務所の事務スタッフが代行したり支援したりする方法が実践されています。ただ、事務スタッフは建設業の専門的な勉強をしていない人も多いので、建設技術や建設関連業務の基本が分からず、業務の遂行に苦慮しているのが実情です。

　そこで私たちは、建設事務スタッフが、現場の事務業務に取り組む際に活用できるマニュアルが必要だと考え、本書を執筆しました。まずは第1章から第5章までを読んで基礎的な知識を把握。第6章以降はざっと目を通しておき、現場から業務を依頼された際に該当するページを読んで準備をする、といった活用法をお勧めします。

本書では、第1章で、建設業界の現状や課題を解説します。さらに第2章では施工管理の概要や技術者に必要な能力、第3章では一流と呼ばれる技術者から学ぶこと、第4章では業務に欠かせないコミュニケーション能力、第5章では建設業のプレーヤーについて記載しました。いずれも建設事務スタッフにとって欠かせない基礎知識です。

　さらに、第6章から第14章では、建設事務スタッフに必要な知識として、環境管理、安全管理、建設業法、品質管理、写真管理、原価管理、工程管理、図面の読み方、現場の会議やイベントなどを解説しています。本書に記載されている知識を修得することで、建設現場の技術者をサポートするための基礎が身に付くはずです。

　本書は、建設事務スタッフの学びや業務実施上のツールとして使えるだけでなく、新人を含めた若手技術者の育成ツールにも活用できます。なお、育成マニュアルの役割を重視しているため、大切な項目については、複数の章で類似の内容を記載している場合もあります。

　私たちは、建設業界全体の「働き方改革」が進み、建設の仕事に関わる人たちが笑顔で良質な社会資本を構築することを望んでいます。本書が今後の建設関連の組織運営、さらには建設産業の繁栄の一助になれば幸いです。

　　　　　　　　　　　ハタ コンサルタント株式会社代表取締役　降籏　達生

目次

Chapter 1　建設業とはどんな仕事なのか
- 建設業界の現状を知る ……………………… 6
- 日本の社会資本と災害の実情 ……………… 8
- 建設業の役割を知る ………………………… 10

Chapter 2　建設技術者は何をするのか
- 施工管理とはPDCAサイクルを回すこと … 12
- 建設技術者に必要な能力 …………………… 14

Chapter 3　一流の建設技術者は何が違うのか
- 知識と経験を積み決断力を高める一流 …… 16
- 危険源に気づき事故を防ぐのが一流 ……… 18
- 段取り八分を実践するのが一流 …………… 20
- 細部にこだわるのが一流 …………………… 22
- 細心にして大胆なのが一流 ………………… 24
- コミュニケーション上手なのが一流 ……… 26
- 常に自己研鑽するのが一流 ………………… 28

Chapter 4　コミュニケーションをどのように図るのか
- 上達への5つのポイント …………………… 30
- 人との距離を縮めるアプローチ …………… 32
- リサーチと聞き取り能力 …………………… 34
- 明解な文章作成術 …………………………… 36
- 効果的なプレゼンテーション技術 ………… 38
- 交渉とクロージングのスキル ……………… 40

Chapter 5　建設業はどんなプレーヤーが支えるのか
- 建築と土木の違い …………………………… 42
- 建設業は社会や経済を支えている ………… 44
- 工事を動かす各プレーヤーの役割 ………… 46
- 専門用語が飛び交う現場 …………………… 48
- とある現場監督の一日 ……………………… 50
- 事務スタッフは何を支援すべきか ………… 52

Chapter 6　現場の環境をどのように守るのか
- 改正労働基準法と働き方改革 ……………… 54
- 建設業とSDGs活動 ………………………… 56
- 届出や許可は法令遵守の証 ………………… 58
- 産業廃棄物マニフェストとは ……………… 60
- 一筋縄ではいかない産業廃棄物の処理 … 62
- 作業に伴う著しい騒音・振動への対応 … 64
- 現場からの排水はルールに従う …………… 66

Chapter 7　現場の安全をどのように守るのか
- 労働安全衛生法と3大災害 ………………… 68
- 現場には危険がいっぱい …………………… 70
- 安全書類で現場従事者を守る ……………… 72
- 新規入場者教育は義務 ……………………… 74
- 安全日報はトラブル時にも役立つ ………… 76
- 施工体制台帳と施工体系図 ………………… 78
- 多様になる出面管理 ………………………… 80
- 専門作業を担う有資格者 …………………… 82
- 社会保険加入は建設業許可の要件 ………… 84
- 作業者の適正配置 …………………………… 86
- 一人親方とは ………………………………… 88
- 道路使用許可と道路占用許可 ……………… 90
- 災害防止協議会は最低月1回 ……………… 92
- 現場で見かける工事看板の意味 …………… 94
- 仮囲いにもルールあり ……………………… 96
- 建設業退職金共済制度とは ………………… 98
- 普及が進むCCUS …………………………… 100

Chapter 8 建設業法は何を定めているのか

- 建設業法の目的と概要 …………… 102
- 主任技術者と監理技術者を知る …… 104
- 下請け契約の手順 ………………… 106
- 下請け契約で結ぶ契約書 ………… 108
- 下請け代金の支払い時の注意点 …… 110
- 現場で作る施工体制の書類 ……… 112
- 帳簿と営業に関する図書 ………… 114

Chapter 9 品質をどのように確保するのか

- 仕事の成否を決める品質管理 …… 116
- 似て非なる出来高と出来形 ……… 118
- 複数の検査を駆使する …………… 120

Chapter 10 写真はどのように管理するのか

- 写真撮影が大切な理由 …………… 122
- 工事黒板で意図を伝達 …………… 124
- 写真整理のタイミング …………… 126
- 写真のチェック方法 ……………… 128
- 設計図や施工計画書との照合 …… 130
- 適切な写真と不適切な写真 ……… 132

Chapter 11 原価はどのように管理するのか

- 建設物価の仕組み ………………… 134
- 建設業の商品とは何か …………… 136
- 世界情勢とつながる建設物価 …… 138
- 労務単価の構成を知る …………… 140
- 受注者を決める入札 ……………… 142
- 人件費は職種によって違う ……… 144
- 実行予算の作成とその後の改善 …… 146
- 原価のチェックポイントを知る …… 148
- 請負契約で決まった原価を管理する …… 150
- 原価を決める請負契約の流れ …… 152
- 建設工事でも大切な納品書 ……… 154
- 書類管理のポイントは5S ………… 156
- 出来高の算出 ……………………… 158
- 出来高曲線で進捗を管理 ………… 160
- 工事採算に悪影響を及ぼす工程遅延 …… 162

Chapter 12 工程はどのように管理するのか

- 工程を見える化する ……………… 164
- マイルストーンを目標に工程管理 …… 166
- 種類に応じて工程表の作り手も変わる …… 168
- 工程表作成では休みを見込む …… 170
- 工程管理に必要な事務スタッフの力 …… 172

Chapter 13 図面はどのように読むのか

- 仕事に合わせて図面もいろいろ …… 174
- 図面を描くのは設計者だけではない …… 176
- 図面の三角法を知る ……………… 178
- 立体図面の描き方 ………………… 180
- 施工図にも種類がある …………… 182
- 記号のメッセージを読み取る …… 184
- 図面作成の基本ルール …………… 186
- 施工図は誰が描くのか …………… 188
- 施工図の作成依頼時の留意点 …… 190
- 設備図と総合図 …………………… 192
- 仕上げ表の読み方 ………………… 194
- 答は設計図にあり ………………… 196

Chapter 14 会議やイベントをどのように支援するのか

- 建設業での会議やイベントとは …… 198
- 議事録の効率的な作り方 ………… 200
- イベントで絆を深める …………… 202
- 工事説明会で住民の理解を得る …… 204
- 地鎮祭とは ………………………… 206
- 着工と竣工の意味を知る ………… 208
- 休日を充実させる ………………… 210
- 現場の仕組みや楽しさを学ぶ …… 212

著者紹介 ……………………… 214

Chapter 1 建設業とはどんな仕事なのか

建設業界の現状を知る

　建設業界は、労働力不足という深刻な問題に直面しています。日本全体の人口構造の変化に根ざしたこの問題は、建設業界では特に影響が顕著です。ここでは、建設業の少子高齢化の現状について詳しく見ていきます。

　まず、建設業界の労働力に占める高齢者の割合が増加しています。総務省がまとめた労働力調査によると、現在、建設業で働く人たちのうち、55歳以上が3割を超える水準に達しています。一方、29歳以下は1割程度にとどまっているのです。

　若者たちが建設業を敬遠する理由の1つとして、労働条件や安全への懸念、そして職業としての魅力不足が挙げられます。また、高度な技術や専門知識が求められる職種であるにもかかわらず、その報酬が他業種に比べて必ずしも高くないことも、若者の建設業界への進出を阻んでいます。

建設投資額と労務単価の推移

　次に、日本の建設投資額の推移について解説します。建設投資とは、公共インフラや民間施設の建設に対する投資のことを指します。1992年度の84兆円をピークに、2010年度にはその約半分の約42兆円まで減少。その後は回復傾向にあります。

　この建設投資額の変動は、経済環境の変化や政策の影響を反映しています。バブル経済の崩壊から長引く経済の低迷、そして経済政策による回復への道のりは、建設業界における課題と機会を示しているともいえるでしょう。

　最後に公共工事の設計における労務単価の変化について説明します。1997年には1万9121円だった労務単価が、2012年には1万3072円まで低下しました。これは、建設投資の減少で労働の需要が減ったためです。しかし、その後単価は再び上昇し、24年には2万3600円となりました。この上昇は、「法定福利費」の増加や、東日本大震災後の措置である特定被災地域での価格調整などによるものです。

◆ 建設投資額の推移

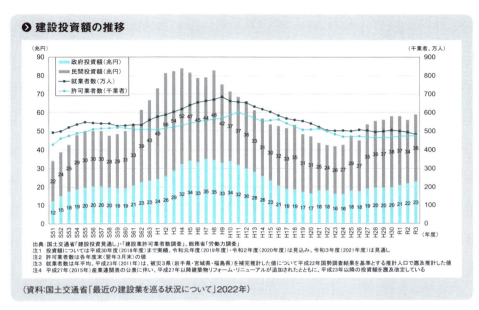

(資料:国土交通省「最近の建設業を巡る状況について」2022年)

◆ 労働賃金・公共工事設計労務単価の推移(円/1日8時間当たり)

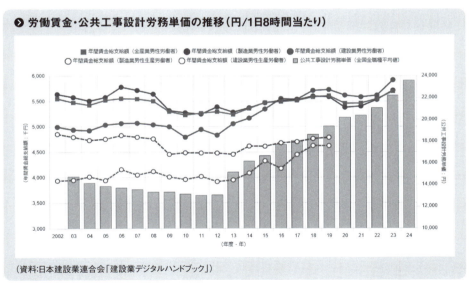

(資料:日本建設業連合会「建設業デジタルハンドブック」)

絶対に押さえておくべきPOINT

建設業では人手不足が顕著だが、建設投資は増加傾向。
業界の魅力をさらに高め、伝えていく必要がある。

Chapter 1　建設業とはどんな仕事なのか

section 2

日本の社会資本と災害の実情

　少子高齢化に伴う労働人口減の一方で、今後、建設業の事業量は増えると想定されています。その需要の1つが、高度経済成長期に集中的に整備された社会資本のメンテナンスです。例えば、長さ2m以上の道路橋は全国に約73万橋あります。そのうち建設後50年を経過した橋は、2020年3月時点で約30％です。そこから20年ほどで約75％にまで達するとされています。

　これらの老朽化する社会資本をメンテナンスする役割は建設業界が担います。今後、メンテナンス工事の割合は確実に増える見込みです。

　内閣府の経済財政諮問会議（18年11月末開催）に提出された資料によると、道路や河川、ダム、下水道などインフラの維持管理・更新費の試算は、2048年度までの30年間で約177〜195兆円。年間5兆円以上に上ります。こうした維持修繕工事は、建設投資に占める比率が年々増加傾向にあります。

自然災害から国土を守る

　日本は自然災害が発生しやすい国の1つです。近年、気候変動の影響で災害の頻度と強度が増しており、懸念が高まっています。

　例えば、台風の強度が増すことによって、より広範囲に洪水や土砂災害が発生したり、海面の上昇で高潮などのリスクが増大したりする可能性があります。こうした中で、建設業が果たすべき役割は非常に大きくなってきているのです。

　今後はさらに、災害に対する社会の回復力（レジリエンス）の向上や気候変動の緩和に向けて、環境に優しい持続可能な建設方法の採用が求められるでしょう。例えば、自然と調和した都市開発、グリーンインフラの利用、エネルギー効率の高い建物の建設などが挙げられます。

　新技術によって災害対策を強化することも必要です。例えば、ドローンを使用した災害調査や、AI（人工知能）によるリスク分析、VR（仮想現実）・AR（拡張現実）を用いた避難行動シミュレーションなどが有効です。

建設後50年以上が経過する社会資本の割合

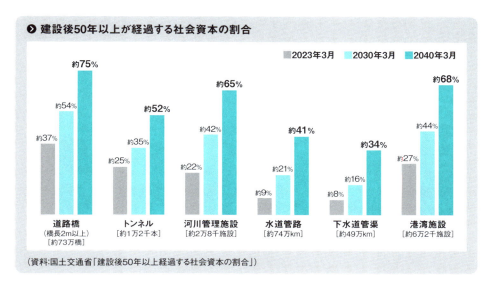

（資料：国土交通省「建設後50年以上経過する社会資本の割合」）

維持修繕工事の推移

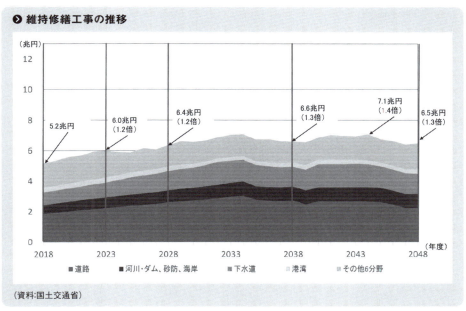

（資料：国土交通省）

絶対に押さえておくべきPOINT

今後、維持管理分野をはじめ建設業の事業量は増える。
防災・減災、復旧・復興など役割は大きい。

Chapter1　建設業とはどんな仕事なのか

section 3

建設業の役割を知る

　建設業の役割は、自然災害が激甚化・頻発化する状況においても、人々の「安全」「安心」「快適」な暮らしを守ることです。
　▽**安全**：災害に強い国土をつくり、災害時は迅速な復旧で地域の安全を守る。
　▽**安心**：公共投資によって地方経済や雇用、豊かな生活の基盤を支える。
　▽**快適**：社会資本整備による地域経済活動の活性化によって、所得・生活水準の向上効果が期待でき、快適な暮らしの実現につながる。

多様な人材が活躍

　建設業はその幅広い役割により、多様な人材が活躍できる場を提供します。そして、多岐にわたる職種を持ちます。女性、障がい者、高齢者、外国人材など、それぞれの能力を生かして働く機会があるのです。
　設計や重機の運転など、力を必要としない仕事は男女を問いません。女性の活躍を支援する取り組みも進んでおり、専用設備の整備なども行われています。全産業の就業者中に占める女性の比率は45％程度で、非製造業を中心に上昇傾向にあります。建設業における女性の比率は他産業に比べてまだまだ低いので、さらなる環境整備が必要です。
　障がい者との協働では、特性に合った仕事の選定やサポート体制の整備が重要です。また、身体的な障がいを持つ人であればユニバーサルデザインなどでよいヒントを出してくれる可能性があります。さらに、高齢者の経験と知識は、技術の伝承や人材育成の観点で非常に価値があります。
　建設業界では、外国籍人材の積極的な活用も進んでいます。技能実習生や特定技能ビザを持つ外国人が、現場作業に従事しています。ただし、言語や文化の違いによるコミュニケーションの壁がある場合もあるので、適切な支援と理解が求められることも事実です。
　多様なバックグラウンドを持つ人材が活躍できる環境を提供するなど、建設産業では人材の特性を生かした職場づくりが進んでいます。

● 就業者中に占める女性の比率

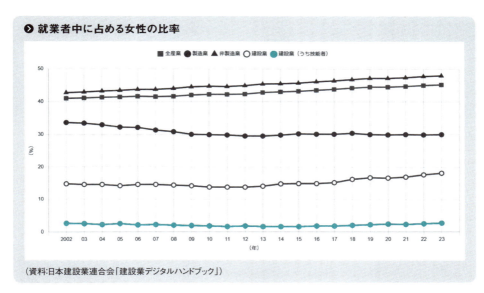

(資料:日本建設業連合会「建設業デジタルハンドブック」)

● 外国人材の受け入れ状況

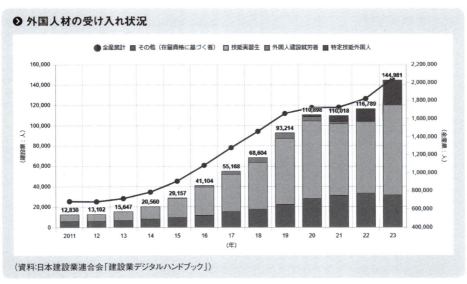

(資料:日本建設業連合会「建設業デジタルハンドブック」)

絶対に押さえておくべき POINT

国民の「安全」「安心」「快適」な暮らしを守る。
多くの人の活躍の場をつくるのも建設業の役割。

Chapter 2 建設技術者は何をするのか

section 1

施工管理とはPDCAサイクルを回すこと

　本書で紹介する建設技術者の中心となる施工管理技術者の役割は文字どおり「施工管理」を行うことです。どのような手法を用い、どのような項目を管理しているのでしょうか。

　まず、管理手法としてよく用いられるのが「PDCAサイクル」でしょう。PDCAとは、Plan、Do、Check、Actの4項目の頭文字を並べた言葉です。つまり、計画を作成し（Plan）、計画に沿って実行し（Do）、計画どおりに実行できているかを点検し（Check）、計画どおりにできていない場合は計画を改善する（Act）、というサイクルを繰り返し実践していく取り組みです。こうして、工事の品質や安全性の確保、生産効率の向上につなげていくことができるのです。

　例えば、建物の品質を守るためには、法令や基準に沿って施工計画書や作業手順書を作成し（Plan）、その施工手順を現場で働く下請けなどの協力会社の技術者や作業員に教育します（Do）。そして、定められた基準を満たしているかどうかについて検査や試験をします（Check）。基準どおりにできていればよいのですが、満たしていない場合は手直しを入れ、再度、同様のミスが起こらないよう当初作成した計画書や手順書を見直します（Act）。

管理項目ごとにPDCA

　次に、上述した品質を含めて、施工管理を担う技術者が管理しなければならない5項目について説明しましょう。

　▽**品質**：建物や構造物を基準どおりに造り、また出来ばえをよくする。
　▽**原価**：建物や構造物の建設費用をできるだけ低く抑える。
　▽**工程**：建物や構造物の施工期間を守る、できるだけ短くする。
　▽**安全・衛生**：働く人たちがけがや病気をしないようにする。
　▽**環境**：自然環境、周辺環境、職場環境を保全する。

　さらに、これらの管理項目において、PDCAの各サイクルで実施する項目を

一覧にしたのが、下に掲載した「業務フローごとのPDCA実施項目」です。施工管理を担う技術者はこれら合計35マスの項目を確実に実施する責務があります。そして、現場の事務スタッフはこれらの一部を支援することで技術者を支えていかなければなりません。

● 業務フローごとのPDCA実施項目

		P 計画		D 実行	C 点検・確認	A 反省・改善
		法令・基準	自社作成計画			
Q (品質管理)		法令、仕様書、基準書	施工計画書、図面、手順書、リスクアセスメント	教育、指導	検査、試験、写真管理	手順の見直し
C (原価管理)		歩掛り、積算基準、建設物価	見積り書、実行予算書、リスクアセスメント	教育、指導、発注、支払い	月次決算、工事精算	予算の見直し、歩掛りの見直し
D (工程管理)		歩掛り、積算基準	工程表、リスクアセスメント	教育、指導	日次・週次・月次確認	工程表の見直し、歩掛りの見直し
S (安全管理)		労働安全衛生法、同規則	安全衛生管理計画、各種届出、リスクアセスメント	教育、指導、新規入場者教育、KYK	安全パトロール、現場巡視、安全衛生委員会	計画の見直し
E (環境管理)	自然環境	大気、水質、土壌、廃棄物関連法	自然環境保全計画、各種届出、リスクアセスメント	教育、指導	環境監視、測定、マニフェスト作成	計画の見直し
	周辺環境	騒音、振動の関連法	周辺環境保全計画、各種届出、リスクアセスメント	教育、指導	環境監視、測定	計画の見直し
	職場環境	労働基準法	職場環境保全計画、各種届出、リスクアセスメント	教育、指導	環境監視、測定、健康診断、ストレスチェック	計画の見直し

施工管理技術者が行うべき35の管理項目です。どれかがおろそかになると現場で問題が生じます(資料:ハタ コンサルタント)

絶対に押さえておくべきPOINT

建設技術者の役割は施工管理。
施工管理とは継続的にPDCAサイクルを回すこと。

Chapter2　建設技術者は何をするのか

建設技術者に必要な能力

　建設技術者が現場での施工管理を効果的に行うためには、技術力、現場基礎力、技術営業力、リーダーシップなど、多岐にわたる能力が必要です。
　まず施工管理では、品質、原価、工程、安全、環境に関する広範な知識と経験が不可欠です。これらは「技術力」の基本であり、建設工事の質を決定する要素となります。
　次に「現場基礎力」として、①積極的に行動する力、②考え抜く力、③コミュニケーション力が必要です。顧客や下請けなどの協力会社、地域社会との円滑なコミュニケーションは、プロジェクトを成功に導くために不可欠です。
　「技術営業力」も技術者にとって重要なスキルの1つです。営業活動では顧客から技術的な解決策を求められるケースが多くあります。その際、専門的な知識を生かして顧客のニーズに応じた提案ができる能力は、企業の業績向上に直結します。さらに、建設技術者が現場のリーダーを任されるようになると、技術力だけでなく、現場をまとめる「リーダーシップ」や部下を育てる人材育成能力が求められます。
　建設工事では法令に関わる作業も多いので、法令遵守の意識も欠かせません。建設業法や労働安全衛生法などに定められた適切な資格も必要です。
　最後に、「人間力」の向上も重要です。これには思いやり、学ぶ習慣、行動力といった人間としての基本的な資質が含まれます。建設業の仕事はチームプレーが中心です。互いに支え合い、信頼関係を築くことが成功の鍵となります。現場の事務スタッフも例外ではありません。

必要な管理能力を体系的に習得する

　右ページに掲載した表は、建設技術者として必須となる能力を縦軸に、新人の建設技術者が1年目から5年目にかけて身につけておきたい具体的なスキルを横軸に、それぞれ示しています。現場の事務スタッフの皆さんもこれらの項目を意識すると、建設技術者のよりよいサポートが可能になります。

必要能力一覧表（入社1～5年目）一部抜粋

項目		細項目	1年目	3年目	5年目
現場力・技術力	品質	図面の作成	設計図を読み取ることができる	詳細図を作成することができる	設計図書を見落としなくチェックすることができる
		施工計画書の作成	施工計画書のファイリングができる	工種別の施工要領書を作成できる	顧客要望を踏まえた施工計画書を作成できる
		各種試験・検査	試験、検査日程を理解している	必要な検査を実施することができる	検査、試験後の再発防止策を考案できる
		測量、技術計算	トランシット、レベルを据え付けることができる	座標計算ができる	土留め、足場の仮設計算をすることができる
		写真整理	指定された写真を撮影できる	撮影済みの写真の採否を判別できる	―
	原価	実行予算書の作成	出面から歩掛りを算出することができる	実行予算書の内容を理解できる	実行予算に基づいた発注交渉ができる
		原価低減	労務の歩掛り、材料の歩留まりを意識できる	労務や材料の原価低減を提案できる	発注主に対し、VE提案ができる
		見積り書の作成	見積り書を読み取ることができる	工事中の変更見積りを作成できる	大規模案件の見積りを作成できる
	工程	毎日の作業管理	朝礼時に当日の作業内容を作業員に説明できる	月間工程表を基に、作業が必要な日程を把握できる	全工程での労務予測を立てることができる
		工程表作成	週間工程表が読める	翌月の工程表を作成できる	全体工程の工期短縮提案ができる
		諸官庁届	着工届が作成できる	諸官庁への届出を作成できる	発注者に届出内容を説明できる
	安全、衛生	KYK・リスクアセスメント	朝礼時に、当日の作業の危険予知を発表できる	KYKを主導して行い、リスクアセスメントにより安全対策を策定できる	リスクアセスメント結果を全作業員に周知できる
		作業環境の整備	5Sを理解している	作業に必要な足場の点検ができる	―
		安全巡回	危険な作業に気づくことができる	担当現場以外の現場で安全巡回の責任者ができる	安全パトロール報告書を作成することができる
	環境	近隣対応	近隣住民に対して気持ちよく挨拶することができる	近隣住民の要望に合わせた作業方法を指示できる	近隣住民のクレームに対応することができる
		環境影響評価	産業廃棄物の分別ができる	環境影響評価ができる	―
	コミュニケーション	発注者、協力会社、社内とのコミュニケーション	関係者と日常的に話すことができる	相手の心をつかむプレゼンテーションができる	発注者、協力会社との交渉をすることができる
営業力	技術営業		―	工法を正しく説明できる	工法の長所と短所を説明できる	工事中の相手から、別の営業情報を入手することができる
資格	スキル	技術系資格	2級土木施工管理技士（1次）	2級土木施工管理技士（2次） 1級土木施工管理技士（1次）	技術士補
人間力	思いやり		―	自分のことより相手のことを考えた行動をしている	相手の意見を尊重して話をまとめることができる	全体最適を考えて行動できる
	学ぶ習慣		―	2カ月に1冊本を読んでいる	勉強会に自主的に参加している	勉強会を主催することができる
	行動力		―	考えるより前に行動することができる	施工検討会に参加している	新しいことに挑戦することができる

建設技術者が入社後に習得すべき能力・資質を示した「必要能力一覧表」。工種別（土木、建築など）の必要能力一覧表は、右のQRコードでハタコンサルタントのホームページにアクセスし、「キャリアアップシステム資料請求の申し込み」を申請すれば入手できます（書籍発行時点）（資料：ハタ コンサルタント）

建設技術者には各種管理能力と知識・経験が不可欠。現場をまとめ、部下を育てる統率力や人間力も要る。

Chapter3 一流の建設技術者は何が違うのか

section 1

知識と経験を積み決断力を高める一流

　現場で働く建設技術者には、一流の域に達している人と、残念ながら二流にとどまっている人がいます。では、一流と二流との違いはどこにあるのでしょうか。技術者をサポートするためには、優秀な技術者のあるべき姿を知る必要があります。ここでは優秀な技術者を理解するポイントを解説します。

　一流の建設技術者は、日ごろから技術情報に触れることで最新の建設技術や材料の動向を把握し、精通しており、それを工事に生かします。例えば、環境負荷の低減が求められる工事では、環境にやさしい最新の建材を積極的に導入し、建設コストの削減や工事の価値向上を実現します。

　法令や規制に対する情報収集も怠りません。そのことで、違反することなく工事を進行できるようにします。このようにして「知識」を獲得します。

　学んだ「知識」を基にして、現場で「実体験」を積み、さらには多くの現場の様子を見聞きしたり、幅広い読書をしたりして「疑似体験」を積むのが一流の技術者の特徴で、そのことで自身の「見識」を広げていきます。知識を得て（分かる）、それを現場で実践する（できる）ことで、顧客や現場の仲間、下請けなどの協力会社から喜ばれる仕事ができるようになります。これを「分かる→できる→喜ばれる」フローといいます。

　「知識」と「見識」が身に付くと、現場で的確に決断できるようになります。これを「胆識」といいます。高い知識・見識・胆識を持つことが一流の技術者の条件ともいえるでしょう。

　例えば、コンクリートを打設しようとするタイミングでパラパラと雨が降ってきたとします。この状況で打設すべきか、やめるべきか――。「4mm/h程度以上の降雨の際は打設してはいけない」という基準に沿って工事をする場合、これは知識に沿った行動です。では、今降っている雨が4mm/h以上なのか以下なのか。それを判断する目安として、技術者が「上を向いて目が開けられる程度の雨なら4mm/h以下」と経験上理解していれば、それは見識になります。さらに、その知識と見識を基に「打設しよう」、あるいは「打設

は見送ろう」などと決断できることが胆識です。

決断力不足は現場を停滞させる

　一方、二流の技術者は旧来の方法や材料に固執し続けることが多く、それが工事を革新する可能性を制限してしまいます。それではいつまでたっても工事のレベルが上がりません。それどころか、新しい法規制に対応できず、違反や罰金を科せられるリスクを高めてしまう恐れもあります。

　勉強してもそれを現場で実践しようとしないので、知識を見識へと深めることができません。見識が浅ければ決断力に欠ける技術者となってしまいます。決断力に乏しい技術者は現場の変化についていけず、工事現場をスムーズに運営できないのです。

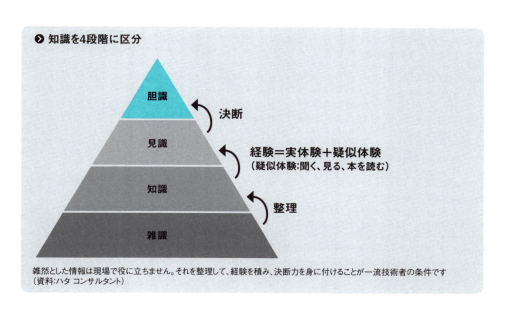

● 知識を4段階に区分

雑然とした情報は現場で役に立ちません。それを整理して、経験を積み、決断力を身に付けることが一流技術者の条件です
（資料：ハタ コンサルタント）

絶対に押さえておくべき POINT
情報収集や知識習得だけで現場は回らない。
豊富な実践経験が加わってこそ一流の建設技術者。

Chapter3　一流の建設技術者は何が違うのか

section 2

危険源に気づき事故を防ぐのが一流

　一流の建設技術者が業務の中で最も重点を置くのが現場の安全管理です。安全ルールを厳格に守り、安全研修を定期的に実施し、現場の全員が最新の安全基準を理解しているか確認します。

　安全を守るためには常に現場を巡視し、「不安全状態」（開口部がある、手すりがない、安全通路が確保されていないなど）がないか、警戒を怠ってはいけません。もし不安全状態が見つかったら、すぐにその場で改善します。現場で働く人たちの「不安全行動」（保護具を着用していない、安全通路を通っていない、吊り荷の下に入っているなど）も、巡視における重要なチェックポイントです。もしも不安全行動を見かけたら、しつこく、細かく伝えて正しい行動に導きます。

　こうした不安全状態、不安全行動は「ハザード（危険源）」と呼ばれます。これを取り除くことが現場の安全確保につながるのです。

　著者の私にもこんな経験があります。トンネル工事で掘削作業をしていたとき、突然、職長が「何かおかしい」とつぶやきました。見ると、掘削面から小石がパラパラと落ちてきていたのです。職長はすぐさま「退避しよう」と呼びかけ、現場にいた人全てがトンネル外に移動しました。するとその5分後、トンネル内で崩落が起き、現場周辺には轟音が響き渡りました。退避が遅れたら大惨事になっていたでしょう。私たちは、職長の不安全状態を見抜く目に命を救われたのです。

安全意識の欠如は労災リスクを増大

　二流の技術者は安全基準を遵守する意識が低く、それが現場での事故やケガを招く要因となります。安全に対する無関心は、重大な法的責任を問われるリスクを高め、工事や担当企業の評判に悪影響を及ぼすこともあります。

　安全意識が低いと、安全対策よりも利益を上げることや工期を守ることを優先しがちになり、時として危険な作業でも十分な安全対策を講じないまま

実施させてしまいます。安全対策にはコストがかかったり時間がかかったりすることが多いからでしょう。しかし、安全対策の不備は事故を招くハザードの見過ごしにつながります。その結果、リスクが発生し、アクシデント（事故、災害）を招き、ダメージ（損失）が発生するのです。

損失の回復には多大なコストを要するだけでなく、アクシデントで工事が止まれば工期に間に合わなくなる恐れも出てきます。さらには、企業の社会的信用も失墜。その先の工事受注や社員の採用にも大きく影響するでしょう。建設技術者はこうしたリスクを理解しておく必要があり、技術者を支援する現場の事務スタッフもそうした技術者のニーズを知っておかなければなりません。

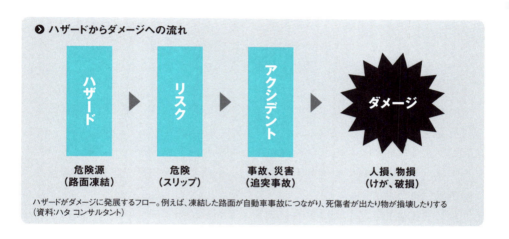

● ハザードからダメージへの流れ

ハザード　危険源（路面凍結）
リスク　危険（スリップ）
アクシデント　事故、災害（追突事故）
ダメージ　人損、物損（けが、破損）

ハザードがダメージに発展するフロー。例えば、凍結した路面が自動車事故につながり、死傷者が出たり物が損壊したりする
（資料：ハタ コンサルタント）

絶対に押さえておくべきPOINT

安全への意識低下は労災リスクを招く。
「安全第一」を強く意識して実践すべき。

Chapter3　一流の建設技術者は何が違うのか

段取り八分を実践するのが一流

　一流の建設技術者は、品質、原価、工程、安全、環境の各項目をバランスよく管理し、品質や安全の確保、環境保全、そして低コスト・短工期など、発注者が求める多様なニーズに応えます。その秘訣は事前準備にあります。段取りの良し悪しで工事の成否の8割が決まる──。「段取り八分」といわれますが、一流の技術者の事前準備は緻密なのです。

　例えば一流の技術者は、予算の制約が厳しく工期に余裕がない現場であっても、着工前に工事の内容や条件を綿密に検討し、革新的・効果的な工法や工夫など課題克服のために講じる施策をあらかじめ用意して工事の仕事に臨みます。

　工事が始まると現場にはいろいろなリスクが発生しますが、一流の技術者は管理手法のPDCAサイクル（Plan（計画）、Do（実行）、Check（点検）、Act（改善））を継続的に回していくなかでリスクの芽を見抜き、予防策や緩和策を準備。リスクが問題に発展した場合は、準備した緩和策を実行し、影響を最低限に抑えます。

　建設技術者がこうしたレベルに到達するためには、日ごろからPDCAサイクルで実施すべき35の管理項目（chapter2のsection1で紹介）の内容を理解し、実践しなければなりません。そして、日ごろから現場で働く人たちと密なコミュニケーションを図り、現場全体で最善の方法を探る雰囲気を醸成しておくことも忘れてはいけません。技術者を支援する事務スタッフの皆さんも協力を惜しまないようにし、技術者を盛り立てていきましょう。

想定外のトラブルは準備不足から

　一方、二流の建設技術者は準備がずさんです。前述の35項目の管理が不十分で、しばしば工事の遅延や予算超過を招きます。

　例えば、事前に立てた施工計画の精度が低く、資源（人、もの、金）の配分に誤りが生じ、その結果、無駄なコストが増えたり貴重な時間をロスしたり

してしまう——といった具合です。

こうした状況は、現場で想定外の問題を引き起こします。準備不足で不意打ちを食らった格好の建設技術者は、対応の手立てもなく右往左往。対策の実行が遅れ、さらに影響が拡大してしまいます。

筆者である私も、ダム工事の現場でこんな失敗をしました。当時、私は支保工（コンクリートを支える仮設）の計画を立案する担当でした。上司から「できるだけ費用のかからない方法で計画してほしい」との指示を受け、私は現場にあった資材を用いて、とにかく原価の安い支保工を計画しました。

ところが、施工が始まって支保工の上部にコンクリートが打設されると、型枠が大きく変形してしまいました。設計にミスがあったのです。それだけではありません。支保工はコンクリートの打設後に撤去しなければならないのですが、撤去時の検討も不十分だったので、撤去に多大な費用がかかってしまいました。

目先のコスト低減だけに気を取られ、品質や事後対応の面に配慮が行き届かずに大失敗——。35の管理項目の重要性が浮き彫りになる出来事でした。

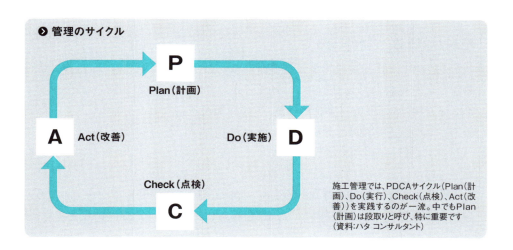

● 管理のサイクル

施工管理では、PDCAサイクル（Plan（計画）、Do（実行）、Check（点検）、Act（改善））を実践するのが一流。中でもPlan（計画）は段取りと呼び、特に重要です（資料：ハタ コンサルタント）

絶対に押さえておくべきPOINT

一流の建設技術者は「段取り八分」を心得る。
準備不足はトラブル連鎖の要因になる。

Chapter3 一流の建設技術者は何が違うのか

section 4

細部にこだわるのが一流

　工事現場で働く人は物事を大まかに捉えて仕事をするイメージがありますが、実は一流の建設技術者は非常に緻密な仕事をします。「神は細部に宿る」と信じ、工事の初期段階から竣工まで、細かい仕様などを綿密にチェックします。

　例えば一流の建設技術者は、施工の際、構造の細部にわたって品質管理を徹底し、1mmの誤差にもこだわります。工事原価についても、1円たりとも予算をオーバーしないよう厳しくチェックをしています。安全パトロールでは、作業者のヘルメットのあごひもの緩みから手すりの高さ、現場に落ちた小さなゴミに至るまで、隅々にまで目を光らせます。こうした厳密な管理が円滑な施工を可能にするのです。

たかが釘1本、されど釘1本

　それに対して二流の技術者の仕事は細部に対する意識が薄く、しばしば重要なミスを見逃し、大きな問題に発展することがあります。細部への監視が行き届かず、手戻りや予定外の作業、安全対策の不備などが発生し、コストと時間が必要以上に消費される結果となります。

　私がまだ新米の建設技術者だったころ、上司からは何かにつけて細部への意識を植え付けられたものです。例えば、「釘」。私が現場で丁張り（土工事で木杭や糸を使って測量する作業）をかけていると、上司がやってきて「君の周りに落ちている釘、単価を知っているか」と問われました。「知りません」と答えると、「釘の単価も知らずに現場にいてはダメだ。現場にあるものは全てコストがかかっているのだから。今後は必ず単価を調べてから仕事をしなさい」と指摘されました。

　その後、私は釘1本の単価はもちろん、現場にある全ての単価、価格を調べるようになりました。私の意識が「たかが釘1本」から「されど釘1本」へと変わった出来事でした。

現場ではこうしたコスト意識が大切です。それは技術者だけなく、彼らを支援する現場の事務スタッフの皆さんも同じなのです。

❱ 資材単価の例

項目	仕様	単位	単価
釘	38mm	円/本	0.35
六角ボルト	M4　長さ8mm	円/本	4.6
六角ナット	M4	円/個	4.2

現場の全ての資材に費用がかかっています。あらゆる資材の単価を把握することが重要です（資料：ハタ コンサルタント）

❱ 資材価格が高騰

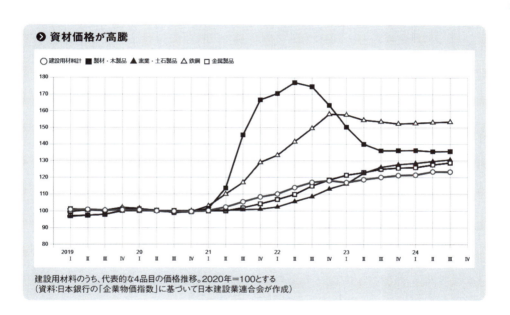

建設用材料のうち、代表的な4品目の価格推移。2020年＝100とする
（資料：日本銀行の「企業物価指数」に基づいて日本建設業連合会が作成）

絶対に押さえておくべきPOINT

細部まで意識してこだわる。
良質の構造物には建設技術者の細かな配慮が宿る。

Chapter3　一流の建設技術者は何が違うのか

section 5

細心にして大胆なのが一流

　一流の建設技術者は臨機応変な対応ができます。予期せぬ状況や変更要求があった場合でも迅速に対応し、工事をスムーズに進行させる方法を見いだします。前節で一流技術者の細心さについて述べましたが、一方で変化への対応では大胆さも求められます。

　例えば、工事で急な設計変更が求められたとき、一流技術者は素早く新しいプランを立案し、効率的に人、もの、金を再配置します。周囲の人たちが躊躇するようなことでも、リーダーとして現場の最前線に立ち、率先してプランを実行し、工期の遅延や原価の上昇を最小限に抑えます。

　具体例を挙げてみましょう。掘削作業の最中には、想定していなかった大量の地下水が出水することがあります。そのとき、建設技術者がパニック状態に陥っていてはいけません。まずはおおよその水量を把握し、「2インチのポンプを3台用意しよう」「いったん埋め戻してウェルポイント（真空ポンプ）の準備をしよう」など、冷静かつ迅速に対策を講じていく必要があります。適切な初動対応が大きな被害を防ぐのです。

　二流技術者は困難な状況や変更に対しての順応力が低く、変更に抵抗したり当初の計画に固執したりする人もいます。建設工事は工場生産・大量生産の製造業とは異なり、現地生産・一品生産なので、計画どおり物事が進まないことの方が多いのです。それに対応できない技術者は工事の進捗を妨げ、工期遅延や追加コストを発生させてしまいます。

ギリギリまで考え抜く

　一流の建設技術者は、予期せぬ問題に遭遇した際、創造的な解決策を素早く打ち出す能力があります。例えば、基礎工事で地盤に想定外の問題が見つかったとします。このとき、一流の技術者はまず地質の専門家に相談。解決へのヒントをもらい、それをベースに対策を考えます。1～2分ではアイデアは見つからないかもしれませんが、ギリギリまで考え抜けば最適な解決策

が見つかって提案に至る確率が高まります。問題発生による工事の遅延、コスト増は最小限です。

なかなかアイデアが浮かばないときは、以下の方法を試すとよいでしょう。例えば、20分以上の入浴や4〜5km程度の距離のウォーキング。特にウォーキングは、脳科学的にも効果があると証明されています。

そのメカニズムはこうです。歩いて体を動かすと15分あたりから脳内にβ－エンドルフィンが分泌され心地よくなります。さらに、25分から30分頃にはドーパミンが出てヒントレベルのアイデアが湧き始めるでしょう。そして、40分を過ぎるとセロトニンが放出され、実現可能なレベルのアイデアにたどり着くことを助けてくれるのです。

一方で、二流の技術者は想定外の問題に遭遇すると、当初の計画に固執したり安易な解決策で妥協したりして、結局は工事の遅延やコスト増につながってしまいます。例えば、地盤の問題に直面しても専門家に相談しないまま通常の工法を強行して失敗。結果、追加の工事が必要となって大幅なコスト増を引き起こしてしまう、といった具合です。

二流の技術者とは、「ギリギリまで」考える人ではなく「ギリギリになってから」考える人ともいえます。追い込まれてから考えるのでは思考を蓄積できません。それではよい考えに到達するはずがありません。

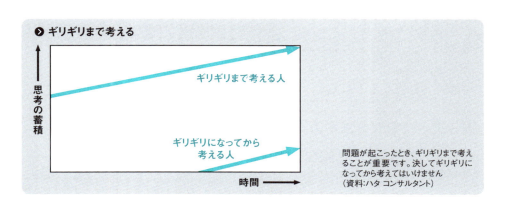

問題が起こったとき、ギリギリまで考えることが重要です。決してギリギリになってから考えてはいけません
（資料：ハタ コンサルタント）

**建設工事で突然の変化は当たり前。
柔軟に対応し、迅速・冷静・大胆に打開する。**

Chapter3　一流の建設技術者は何が違うのか

section 6

コミュニケーション上手なのが一流

　一流の建設技術者にとって、優れたコミュニケーション能力は欠かせないスキルの1つです。例えば大規模な建設工事では、現場の代表者として関係者に工事の進捗状況などを報告する機会が多くあります。そのとき、明確かつ簡潔に説明できるのはもちろん、求められれば、詳細な技術的説明もサラリとこなせるのが基本でしょう。さらには、言葉だけでなく、3Dモデルといった視覚的な情報も活用するなど、より正確に伝わるような工夫も当たり前のようにこなせる──。そうした技術者なら、発注者などの工事関係者から強い信頼を獲得し、良好な関係を築くことができます。

　一方、二流の建設技術者は報告が不定期で、情報が散発的かつ不完全なケースが多く、しばしば顧客や関係者から誤解を招きます。このような状況は、工事の遅延やコストの増加につながることが多く、結果的に顧客や関係者との信頼関係に悪影響を及ぼします。

　工事現場のコミュニケーションの基本は「挨拶のキャッチボール」です。まず相手を見て、相手が聞こえる声で挨拶し、相手からの挨拶の返事も相手を見てしっかり受け止めましょう。相手が聞き取れないような声で挨拶したり相手を見ないで挨拶したりすれば、相手は挨拶を受け取れず、そもそもキャッチボールになりません。

リーダー技術者の統率力が工事の成否を左右

　次にリーダーシップについてみてみましょう。一流の建設技術者は現場を効果的に統率し、各メンバーのモチベーションを高めながら目標達成へと導きます。例えば、一流の技術者は現場のメンバー1人ひとりの強みを理解しています。その強みを生かし、現場全体が団結して作業に取り組む雰囲気を醸成。これにより、高い生産性と円滑な工事運営を可能にします。この手法は難度の高い工事で特に有効です。

　優れたリーダーシップを持つ建設技術者が実践する行動や取り組みが4つ

あります。

▽ **「目標や計画を掲げる」**：現場全体のモチベーションが高まるゴールや計画を設定し、達成に向けてメンバーの意識を高める。

▽ **「伝える」**：自分の考えや方針を相手が理解するまで繰り返し、しつこく、細かく伝える。

▽ **「先頭を走る」**：リーダーとして何事も先頭を走る。一番前で方向性を決め、率先してチームを引っ張る。

▽ **「決める」**：十分な時間と情報がなくても可能な限り方針の検討を行い、決めたら躊躇せず迅速に実行する。

一方、二流の技術者はリーダーシップが弱く、指示が不明瞭でチーム内に不満や混乱を引き起こします。工事の重要な局面で適切な判断ができず、メンバーからの信頼を失うこともあります。これがきっかけで工事の遅延や施工品質の低下を招くことも少なくありません。

リーダーシップが弱い技術者の行動や取り組みは、一流の建設技術者と比べて、以下のような傾向があります。

▽ **「目標や計画があいまい」**：目標や計画があいまいなので、現場が進むべき方向が明確でない。

▽ **「伝わらない」**：一度話せば十分と思い込み、正しく伝わったかどうかの確認を忘れがち。結局、伝わっていないケースが多くなる。

▽ **「実践しない」**：部下に指示や命令を出しても、自らは率先して実践しないようでは現場の士気が低下する。

▽ **「決めない」**：決断せず、あいまいな態度をとる「決めないリーダー」は、部下のモチベーションを低下させる。

絶対に押さえておくべき POINT

**コミュニケーションは現場の潤滑油に。
メンバーや顧客から信頼を得るための必須スキル。**

Chapter3　一流の建設技術者は何が違うのか

section 7

常に自己研鑽するのが一流

　一流の建設技術者は、上手に顧客との関係を構築します。顧客のニーズと期待を正確に理解し、それに応えるために積極的にコミュニケーションを取ります。例えば、工事の各段階での状況を顧客に詳細に報告し、フィードバックを求め、顧客向けに最適化された解決策を提供します。こうした取り組みを通じて顧客からの信頼が増し、長期的なビジネス関係へとつながります。

　工事期間中に現場の近隣住民に新規工事の営業をかける技術者もいます。例えば、担当した舗装工事と並行して近隣のコンビニエンスストアや工場を訪問し、駐車場などの舗装工事を提案するのです。担当した工事を起点にして営業を展開し、新規案件の受注につなげようというわけです。

　一方、二流の建設技術者は、顧客と上手にコミュニケーションできず、良好な関係を築けないケースが少なくありません。例えば、あるマンションの大規模修繕工事では、担当した建設会社の現場監督が住民から「表情が怖い」と苦情を受けました。現場監督本人からすれば、特に怒ったり機嫌が悪かったりしたわけではありませんでしたが、住民からはそう思われたのです。常に見られる立場だと意識し、柔らかい表情や物腰を心掛ける必要があります。

成長する技術者に3つの習慣

　一流の建設技術者は常に自己研鑽に努めています。自分の弱点を認識し、それを改善するために継続的に学習したり研修に参加したりします。例えば、新しい建設技術のセミナーに定期的に参加すれば、最新の業界動向を把握でき、自身のスキルセットを充実させられます。このような姿勢は彼らの技術的な能力だけでなく、リーダーシップスキルも向上させ、工事全体の質の向上につながります。

　常に学び、成長する技術者には特徴的な習慣が3つあります。

　　▽「**メモを取る**」：対話、読書、仕事上での経験などでの学びをメモする。後から見返せるうえに、記憶にとどめやすくなる。

▽「**プラスの言葉、動作、表情で振る舞う**」：行動に「やれる」「できる」などの言葉や、「ガッツポーズ」「握手」「拍手」などの動作、「笑顔」などが伴うと脳にプラスの刺激が与えられ、やる気が増す。

▽「**自分事として考える**」：一流の技術者は、身の回りの出来事全てに対して、自分ならどうするかを考える。例えば仲間がミスをしたときに、自分が同じ状況ならどう対処するかと考える。

これに対して、二流の技術者は新たな学習や研修参加に消極的で、自己成長の機会を逃したり、業界の進展から取り残されたりしがちです。これは工事の質や生産効率にも直接的な影響を及ぼします。

成長できない技術者の特徴は以下の3つです。

▽「**メモを取らない**」：新たな知識を学んだり聞いたりしても、頭の中だけで処理しようとして、多くの場合、忘れてしまう。

▽「**言動や表情がネガティブ**」：愚痴や不平・不満を口にすることが多く、うつむき加減の姿勢や暗い表情で行動している。脳にマイナスの刺激が与えられ、何事にも意欲が湧かず成果を出せない。

▽「**他人事と考える**」：仲間がミスをしてもあくまで他人事なので、教訓を得られない。

● 技術営業職と営業職、技術職との違い

実施事項	技術営業職	営業職	技術職
新規顧客開拓		○	
自社の技術的特徴の紹介	○		○
工事の技術的解説	○		○
契約		○	
既存顧客のフォロー	○	○	

技術者といえども営業センスが必要です。技術者は全て技術営業職だという認識が必要です（資料：ハタ コンサルタント）

● 成長する技術者の特徴

	一流	二流
学ぶ姿勢	新情報を吸収	既存知識のみ
言葉・動作・表情	ポジティブ	ネガティブ
考え方	自責（自分事）	他責（他人事）

一流の技術者は、常に自己研鑽に努め、学ぶ姿勢、言葉・動作・表情、考えに意識を向けて行動しています（資料：ハタ コンサルタント）

**建設技術は日進月歩、学び続けなければならない。
技術者たるもの、ポジティブ思考で現場に立つ。**

Chapter 4 コミュニケーションをどのように図るのか

section 1

上達への5つのポイント

　建設工事の成否は、技術や技能だけでなく、コミュニケーション能力にも大きく左右されます。同僚や発注者、元請け会社、下請けなどの協力会社、さらには近隣住民との円滑な関係構築が、工事を成功へと導くのです。これを「現場コミュニケーション技術」と呼びます。以下に、現場コミュニケーション技術を高めるために大切な5つのポイントを解説します。これらは現場の事務スタッフにとっても大切なスキルです。

▽**人との距離を縮めるアプローチ**：成功するコミュニケーションの第一歩は相手との心理的な距離を縮めること。特に、良好な第一印象と雑談は重要で、信頼感、安心感、清潔感を通じてよい関係の基礎を築く。

▽**リサーチと聞き取り能力**：リサーチとは相手の要望を聞き出す力である。リサーチの際は要望だけでなく欲求も聞き出すことが重要。「要望」とは相手が口頭や文書で示したことで、「欲求」とは相手が心の中で欲していることを、それぞれ意味する。要望は把握しやすいものの、欲求まで理解していないとトラブルにつながることが多い。

▽**明解な文書作成能力**：建設工事では、計画書や議事録、報告書といった文書で情報を伝えることが多く、具体的で分かりやすい文章を書く力が求められる。

▽**効果的なプレゼンテーション技術**：現場では、朝礼やKYK（危険予知活動）、会議など、話しをする機会が多くある。その際、聞き手の心をつかむ話し方をすることが重要。例えば、スピーチ手法「PREPLP法（Point（結論）、Reason（理由）、Example（事例）、Point（結論）、Let's（勧誘）、Please（依頼）」はその1つである。

▽**交渉とクロージングのスキル**：意見の相違は避けられないが、交渉力を高めることでお互いの立場を理解し、納得のいく合意点を見つけることができる。「相手のノーをイエスに変える交渉力」を身に付けることで、工事をスムーズに進行させることができる。

これら5つのポイントを踏まえたうえで現場コミュニケーション技術をバランスよく高めれば、現場の事務力の強化につながるでしょう。

報連相はコミュニケーションの基本

現場でのコミュニケーションを円滑にするには、報連相（ほうれんそう：「報告」「連絡」「相談」）の意味を正しく理解し、実践することが重要です。

まず報告は、上司などからの指示・命令・依頼に対する結果や状況についての返答。必ず実施しなければならない義務的なコミュニケーションです。

連絡は、得た情報を関係者に伝えること。誰に伝えるかは情報を持っている人に委ねられるので、自主的なコミュニケーションといえます。

相談は、不明点や疑問点を上司や先輩に聞いて助言を求めること。相談する側とされる側、相互の信頼関係が必要です。

報連相を的確に行うことで、現場事務がスムーズに進みます。

● 報連相の定義

	誰に対して	何を伝えるのか	コミュニケーションの種類
報告	指示、命令、依頼した人に対して	その返答を伝える	義務的コミュニケーション
連絡	関係者全員に対して	相手に伝えた方がよいと思うことを伝える	自主的コミュニケーション
相談	信頼している人に対して	自分が教えてほしいと思うことを伝える	相互信頼コミュニケーション

報告、連絡、相談の意味をよく理解することで、現場におけるコミュニケーションの問題を解決できます（資料：ハタ コンサルタント）

絶対に押さえておくべき POINT

**現場コミュニケーション技術は5つのスキルから成る。
各スキルをバランスよく高めて現場運営を円滑に。**

Chapter4 コミュニケーションをどのように図るのか

section 2

人との距離を縮めるアプローチ

　相手との心理的な距離を縮めるうえでカギとなる「第一印象」について考えてみましょう。
　第一印象は、「ハロー（後光）効果」「一貫性の法則」「確証バイアス」の3つの心理的メカニズムにより形成されます。
　ハロー効果とは、特定の印象によって全体の評価が左右される現象を指します。例えば、容姿や態度がよい人に対しては無条件に「いい人」と判断しがちです。一貫性の法則は、一度形成された印象や立場に基づき、以降も同様の印象を持ち続けたり行動を継続したりする傾向が強くなることをいいます。確証バイアスは、もともと持っていた印象を補強する情報にのみ注意を払い、それに反する情報を無視したり軽視したりする傾向を指します。例えば、一度「いい人」という印象を持つと、その人のどんな行動も肯定的に解釈しようとします。第一印象でよいイメージを持たれると、それが継続し、さらにその後の言動にかかわらず、よい印象が続きやすいということです。
　第一印象をよくするのは、「信頼感」「安心感」「清潔感」の3要素です。
　まず信頼感は、例えば「約束を守る」「正直な対話」など、人とのやり取りで現れた誠実さや信頼を通じて醸成されます。次に、安心感は、相手に対する配慮と理解から生まれます。相手の話を丁寧に聞いて共感を示すことが、相手に心理的な落ち着きや安心をもたらします。言葉遣いや非言語的なコミュニケーションも影響します。最後に清潔感。整った服装や清潔な身だしなみは、プロフェッショナルであることの象徴として相手に好印象を与えます。作業場所や事務所の整理整頓もこの要素を強化します。

ネガティブな話から始めない

　第一印象は、「言語情報」「聴覚情報」「視覚情報」の3種類の情報から大きく影響を受けます。言語情報は言葉遣いや話の内容のこと。敬意を示した言葉遣いや適切な話題の選択は相手に与える知的印象や関心の深さに反映され

るので、良好な関係構築において重要です。聴覚情報は話速やトーン、滑舌など。例えば、明るく落ち着いた声のトーンや適切な話速は聞き手に好印象を与えます。「視覚情報」は視覚的に捉えられる情報。清潔感のある服装や自信に満ちた立ち振る舞い、温和な表情などは、親しみやすさやプロとしての高い能力をアピールします。

雑談は、人と人とのコミュニケーションにおいて極めて重要な役割を果たします。相互理解を深め、関係構築の潤滑油として機能するからです。

例えば近隣住民と話すとき、「明日の工事で騒音が出ます」と、いきなりネガティブな話を始めるのはお勧めできません。まずは「お庭のお花、きれいですね」といったポジティブな話でワンクッション置き、その後に「ところで、明日の工事で騒音が出ます」と伝えれば、騒音に対する相手のネガティブな気持ちも少しは和らぎ、了解を得られる可能性が高まります。

「木戸に立てかけし衣食住」は、雑談の題材としてよく取り上げられる話題の頭文字を並べたフレームワークです。積極的に活用すべきです。

●「木戸に立てかけし衣食住」で雑談するとうまくいく

	テーマ	具体例
木	季節	「すっかり春らしくなりましたね」
戸	道楽、趣味	「どんな趣味をお持ちですか」
に	ニュース	「世間を騒がしている…をどう思いますか」
立	旅	「旅行に行くならどこに行きたいですか」
て	天候	「きょうはいい天気ですね」
か	家族	「ご家族はお元気ですか」
け	健康	「健康によいことをやっていますか」
し	仕事	「どんなお仕事をされていますか」
衣	衣服	「プライベートではどんな服を着ていますか」
食	食事	「どんな食べ物がお好きですか」
住	住宅	「どこに住んでおられますか」

誰とでも、どんな時でもその状況にふさわしい話題を提供することで雑談が弾みます
（資料：ハタ コンサルタント）

絶対に押さえておくべきPOINT

良好な第一印象は相手との心理的な距離を縮める。
雑談はコミュニケーションの潤滑油。

Chapter4　コミュニケーションをどのように図るのか

section 3

リサーチと聞き取り能力

　リサーチや聞き取り能力は、相手のニーズや欲求を把握するのに欠かせないスキルです。上達のポイントを知っておくことで、手戻りや手直しを減らすことができます。

(1) 要望と欲求を聞き出す

　相手（顧客や仕事仲間）の話を聞く際には、「要望（ニーズ）」と「欲求（ウォンツ）」を把握することが重要です。

　要望は、相手が口頭や文書で明確に示した要求や期待を指します。一方、欲求は、相手が内に秘めた願いや欲望を意味します。要望に応えることで、相手の事前の期待に見合う事後評価がなされ、相手は基本的な満足感を得られます。しかし、要望だけでなく欲求にも応えると、期待を超える評価を生み出し、真の満足感や感動を引き出すことが可能になります。

　例えば、住宅設計の場合、顧客の要望どおりの設計をすると、多くの場合うまくいきません。要望に添っただけの設計では高額になってしまうことが多いからです。一方、将来の夢や希望といった欲求を聞き出し、それにも配慮した設計をすると、満足を超える感動を与えることができるでしょう。

(2) 傾聴の３大ポイント

　相手の話を聴く際は、①出来事、②感情、③計画の順で進めるのが効果的です。まずは出来事の経緯を話してもらい、その背景を把握。次に、出来事から受けた相手の感情を共有して共感を示す。そして相手の夢や希望を尋ね、共に未来に向けた計画を立てる――。これによって相手と信頼関係を築き、よりよい解決策へと導くことができるのです。

(3) リフレーミング

　「リフレーミング」は、相手の否定的な表現を肯定的な言葉に置き換えるテクニックです。これにより、マイナスの状況をポジティブな気持ちに変えてヒアリングできるようになります。例えば、「あきっぽい」を「好奇心が旺盛」、「あわてんぼう」を「行動的」、「忙しい」を「充実している」、「威張る」を「自

信がある」、「怒りっぽい」を「情熱的」、「失った」を「探している」などと、それぞれ言い換えることで、相手の特性や状況をより前向きに捉えて対応することができます。

ミスやトラブルの相談に必要な6つのアプローチ

（4）人を支援する6つの言葉

部下などからミスやトラブルについての相談を持ちかけられることはよくあります。こうした状況では相手は大抵、ネガティブな気持ちになっています。やり取りの際には、以下の6つのアプローチで回答するとよいでしょう。

▽**感謝**：○○さん、相談してくれてありがとう。
▽**学び**：あなたの話には□□□という学びがありました。
▽**共通・共感**：私もあなたと同じ□□□です。
▽**長所**：あなたは□□□がすばらしい。
▽**出番**：私は○○さんのために□□□ができます。
▽**励まし**：○○さん、あなたならできるよ。

❷ 傾聴する際の3つのポイント

事例:すぐ相手と言い争いになってしまう人に対して	
①出来事	○○さんと言い争いになったと聞きましたが、何があったのですか
②感情	言い争いになり、あなたはどう思いましたか
③計画	今後、言い争いにならないようにするため、どうしようと思いますか

出来事、感情、計画を聞くことで、相手は自分から解決策に気づくことができます。(資料:ハタ コンサルタント)

絶対に押さえておくべきPOINT

**リサーチと聞き取り力で心の中の欲求を把握。
ネガティブな状態の人を前向きな気持ちにさせる。**

明解な文章作成術

Chapter4　コミュニケーションをどのように図るのか

section 4

　現場では、多様な場面で文書の作成・提出が求められます。文章だけで相手に誤解なく伝えるためのポイントを紹介しましょう。現場の事務スタッフの業務には書類作成が多いため、とても重要なスキルです。まずは以下の3つのポイントを押さえます。

- ▽**1文は長くても60字程度にする**：文章が長いと読みにくく、主語と述語の関係性が分かりにくくなる。明快な文章にするために、1文が約60字以内となるよう心掛けるとよい。
- ▽**補足書きを活用する**：長い文章を短くする手法に「補足書き」がある。用語の説明をカッコ内などに収めて本文を簡潔にする。
- ▽**箇条書きを活用する**：箇条書きは要点を視覚的に整理した形で伝えられるので、分かりやすくなる。並列式と直列式がある。

一般論、事実、意見で書き分ける

　知識の伝達や理解を深めるためには、「一般論」「事実」「意見」の3つの要素が重要です。まず、一般論とは、広く認知されている理論や原則を指します。特定の事象や意見がなぜ発生するのか、特定の技術がどのように機能するのかを説明するための基礎となります。次に、事実とは、論理的に立証されている内容で、具体的なデータや統計、研究結果などが該当します。文章で説明する際の論理的かつ客観的な根拠となります。そして、意見とは、筆者が考えていること。個人の見解や解釈、推測に基づくものなので必ずしも正しいとは限りませんが、読者に新たな視点を提供します。

　一般論、事実、意見を分かりやすく書き分けるために、文章を作成する際は以下の「型」を用いるとよいでしょう。

- ▽**一般論の型**：一般に〇〇〇では□□□といわれている。
- ▽**事実の型**：数値か具体的な名称を用いて記載する。
- ▽**意見の型**：私は、〇〇〇だと思う（考える）。

● 並列式箇条書き

項目	具体例
ポイント1:文末を体言(名詞)で止める	①経済性 ②作業環境 ③安全性
ポイント2:文末を体言(動詞)で止める	①経済性の向上 ②作業環境の改善 ③安全性の向上
ポイント3:文末を動詞で止める	①停止時間が短く経済性が向上する ②騒音・振動が少なく作業環境が改善する ③作業床が確保され安全性が向上する

箇条書きは末尾の表記をそろえるのがポイント(資料:ハタ コンサルタント)

● 直列式箇条書き

×	この工法には、停止時間が短く経済性が向上する、騒音・振動が少なく作業環境が改善する、作業床が確保され安全性が向上する、というメリットがある。
○	この工法には、以下の3つのメリットがある。①停止時間が短く経済性が向上する②騒音・振動が小さく作業環境が改善する③作業床が確保され安全性が向上する──といった具合だ。

直列式箇条書きの例。下の例のように①②③のように番号を振ると読みやすくなります。また箇条書きの最後に「──」を記載すると、箇条書き部分が終わることを示せます(資料:ハタ コンサルタント)

● 一般論、事実、意見の事例

一般論	一般に、業界ではこの商品は全く売れないと、いわれている。
事実	この商品は、2025年3月に1日当たり1個しか売れなかった。
意見	私は、この商品は全く売れないと思う。

「この商品は全く売れない」という文を「型」を使って書き換えた例。一般論か事実か意見か、それぞれに合わせて書き換えるとよいです(資料:ハタ コンサルタント)

絶対に押さえておくべき POINT

明解な文章を作成するための作法がある。
一般論、事実、意見の書き分けも重要。

Chapter4 コミュニケーションをどのように図るのか

section 5

効果的なプレゼンテーション技術

　提案をしたりスピーチをしたりと、現場の業務のなかでプレゼンテーションをする機会は数多くあります。現場の事務スタッフにとっても相手に分かりやすく伝えることは重要なスキルです。分かりやすさを実感できるタイミングは3つあります。1つ目は「無意味に感じること」に意味を見いだしたときです。

　相手の心をつかむ話をする人は話の目的が明確です。例えば、ある人に次のような言葉で名刺の制作を依頼したとします。
①「A君の名刺を作ってください」（×）
②「A君が社会人として初めて持つ名刺を、A君の初めての上司である君に作って欲しいのです」（○）

　両者を比較すると、①の言い方では指示された人が、A君の名刺を作らなければならない意味が分かりませんが、②だとよく分かります。

話の背景も伝えて心を動かす

　2つ目は「複雑なこと」が単純化されたときです。話のテーマを3つ程度に絞って適正な順番で話すと、聞いている人は頭の中が整理されて理解しやすくなります。

　例えば、ある工事において、近隣住民に振動・騒音対策について伝える際、以下のような言葉や文章で知らせたとします。
①「本工事では、騒音が出ないように気をつけ、さらに振動にも配慮します。粉じんが舞うことがあるので、注意して施工します」（×）
②「本工事では、皆さんにご迷惑をおかけしないよう、次の3つに留意して施工します。（a）騒音を小さくするため、低騒音型の機械を使用（b）振動を小さくするため現場内に厚さ3cmのゴムマットを敷設（c）粉じんを少なくするため、1日2回周辺道路に散水」（○）

　①と②を比較すると、②は対策項目を具体的に整理して伝えているので、住

民の理解度や納得感が①よりも高まります。

最後の1つは「見えない」ことが見えたときです。話の内容やその背景が見えるようになると、相手の心が動きます。具体例を引き合いに出すことで、状況をイメージしやすくなります。

例えば、図書館の設計者が、以下のように話したとします。
①「この図書館の設計は、全国の図書館を調査したうえで作成しました」（×）
②「私は子どものころ、父親に連れて行ってもらった○○県の○○図書館が忘れられません。今回は、その図書館をモチーフにして設計しました」（○）

①は事務的で味気なく、提案の背景が見えませんが、②ならこの図書館に対する設計者としての熱い思いや具体的なイメージが伝わってきます。

相手の心をつかむプレゼンテーションを行うために本章のsection1で示したスピーチ手法「PREPLP法」を活用するとよいでしょう。

◎ PREPLP法とは

Point（結論）	「結論は○○、○○、○○の3つです」（複雑なことを単純化）
Reason（理由）	「なぜならば～」（意味を見いだす）
Example（事例）	「例えば～」（見えないことが見える）
Point（結論）	「結論は○○、○○、○○の3つです」
Let's（勧誘）	「～しましょう」
Please（依頼）	「どうぞ～してください」

PREPLPの構成でプレゼンテーションをすると、相手の心をつかむことができます（資料：ハタ コンサルタント）

絶対に押さえておくべきPOINT

理路整然とした話法で相手の心をつかむ。
プレゼン台本はPREPLP法に基づき作成する。

Chapter4　コミュニケーションをどのように図るのか

section 6

交渉とクロージングのスキル

現場の事務スタッフには、交渉をうまく進める以下の4スキルが必要です。
（1）アサーティブに伝える
相手の意見を尊重しながらも、しっかりと自己主張もする「アサーティブコミュニケーション」を身に付けることが大切です。
（2）ハロー効果を活用する
人は後光（ハロー）が差している人物をすごいと思い込んでしまう傾向があります。例えば、難度の高い資格を持っている人や有名人などです。
（3）決してあきらめない能力を高める
交渉力を高めるためには、「決してあきらめない」能力が必要です。周囲の人々の言葉に耳を傾け、嫌な言葉でも受け入れる努力をすることが大切です。
（4）人間的魅力を身に付ける
人を説得したり納得させたりするためには、人間的魅力が必要です。人徳がある人は多くの人たちの模範となり、人を説得し納得させられます。

相手のノーをイエスに変える7つのポイント

交渉の目的は、極端にいえば、相手のノーをイエスに変えることです。そのための7つのポイントを紹介しましょう。
（1）相手の好むことを伝える
相手が好むことを伝えると、相手はイエスと答えやすくなります。例えば、提案の見直しを求められた際に「提案書類の再提出は1日待ってください」というよりも「より安価な見積りを基に書類を作成するので、1日お待ちいただけますか」という方が、提案を受け入れてもらえる可能性が高まります。
（2）相手が嫌いなことを伝える
相手が嫌がることを伝えて誘導する方法もあります。例えば、歩行者に「工事区域に入らないでください」と注意するよりも「工事区域に入ると洋服が汚れますよ」と区域外にやんわり導いた方が従う確率が高くなります。

（3）選択肢で伝える

選択肢を伝えるのも1つの手です。「この仕事を引き受けてください」とゴリ押しするよりも「工事金額の高いA工事か利益が出やすいB工事か、どちらかを引き受けてもらえませんか」という依頼なら相手も折れやすくなります。

（4）認めるひと言を伝える

相手を認めるひと言を添えて相手のイエスを引き出す方法もあります。「残業して図面を仕上げてくれませんか」という事務的な依頼ではなく、「あなたの図面が分かりやすいと評判なのです。明日の午前中までにお願いできませんか」といった言葉で相手の自尊心をくすぐるのです。

（5）「あなただけは」と伝える

「あなただけ」と限定して依頼を断りにくい雰囲気をつくる。例えば、会合への参加を求めるとき、「他の人が来なくても、○○さんだけは来ていただき、ひと言話してほしい」と言われれば、頼られていると感じるでしょう。

（6）「一緒に」と伝える

「私と一緒に」と伝えると共同体意識が高まります。部下などに「●●の勉強をしてください」と指示するよりも、「私も●●の勉強をするから一緒にしよう」と柔らかく誘えば仲間意識が芽生えて前向きに検討するでしょう。

（7）「ありがとう」と伝える

何かを依頼するとき、これまでの感謝の気持ちも併せて伝えます。領収書の処理依頼などでも、「いつも、早く処理していただきありがとうございます」などと、ひと言添えれば、大抵の場合、気持ちよく引き受けてもらえます。

● アサーティブな交渉例

パッシブな交渉事例	アサーティブな交渉事例
言い訳が多い（○○が認めないので）	自分の言葉で話す（言い訳を飲み込む）
例:貴社の見積り金額では、上司を納得させられないのです。	例:貴社に発注するよう、私から上司に進言しますので、もう少しコストダウンをお願いできませんか。

アサーティブに交渉することで相手のノーをイエスに変えられます（資料:ハタ コンサルタント）

絶対に押さえておくべき POINT

交渉は7つのポイントを意識する。
相手をイエスに誘導して自分のペースに巻き込む。

Chapter 5 建設業はどんなプレーヤーが支えるのか

section 1

建築と土木の違い

　建設業とは、建築工事と土木工事において、建築物や土木構造物の設計や施工、維持管理を手掛ける業種です。例えば建築事業では、市民生活や経済活動の舞台となるビルや住宅を、土木事業では社会基盤となるインフラ構造物・施設などを、それぞれ建設しています。

　建築工事で造られる建築物は、構造から主に3種類に区分されます。

　1つは「木造建築」で、住宅などの比較的小さな建物に適しています。材料費が安く、工事期間は短め。設計の自由度が高く、施工時には伝統的な技法が多く用いられます。また、木造建築は温かみがあり、高い調湿効果を発揮します。近年は大規模建築に採用される例も増えています。

　2つ目は、学校やマンションなどに用いられる「鉄筋コンクリート造建築」。引っ張られる力に強い鉄筋の性質と圧縮力に強いコンクリートの性質を組み合わせた構造で、気密性が高い、生活音や足音などに対する遮音性に優れる、建物自体が揺れにくいといった特徴があります。

　3つ目は建物の骨組みに鋼材を用いた構造の「鉄骨造建築」です。建物の重量が比較的軽いといった優位性を生かして、高層建築や塔建築に採用されています。

　一方、土木工事の対象は多岐にわたり、「道路」「橋梁」「河川」「ダム」「トンネル」「砂防」「土砂災害対策」「土地造成」「上下水道」「共同溝」「鉄道」「港湾施設」「公園」などの施設整備に及んでいます。大半は公共事業で、インフラ機能の充実や維持、防災対策などが主な目的です。

建築物や構造物に機能を付加する

　この他、建設業では、築造した建築物や構造物にいろいろな設備を設置して機能付与を図る「設備工事」も重要な役割を果たしています。設備工事には「電気・通信」「給排水・衛生」「空調・換気」「機械」「防災」「管」などの業種がありますが、いずれも高い専門性が求められ、作業によっては資格が

必要になることもあります。

　具体的には、電気・通信は電力供給やデータ通信に関する設備の設置、給排水・衛生は上水・中水の供給設備や下水・汚水の排水設備の据え付けを行います。また、空調・換気は空調設備（空気調和設備の略称）や換気設備、機械はエレベーターやエスカレーターといった搬送設備やダム・水門のゲートなどを建築物や構造物に組み込む工事を担っています。この他、防災は、防災設備の配置、例えば、スプリンクラーなどの消火設備や各種警報設備の導入を担当。管は空調や上下水道、ガスなどの配管を担います。

● 建築物の種類とそれぞれの特徴

建築物の種類	適用例	特徴
木造建築	住宅	短工期、温かみ、設計の自由度が高い
鉄筋コンクリート造建築	学校、マンション	高気密性、揺れにくい、居住に適した環境を提供
鉄骨造建築	高層ビル、塔	建物重量が軽く高層に向く

（資料：ハタ コンサルタント）

● 土木工事で整備する主な構造物

工種	整備する構造物の例
道路	車道、歩道、農道、道路側溝など
河川	河川堤防、護岸、根固め工、頭首工、水門、調整池など
橋梁	道路橋、鉄道橋、人道橋など
ダム	利水ダム、治水ダム、発電用ダム、多目的ダムなど
トンネル	交通用トンネル、水路用トンネル、都市施設用トンネルなど
鉄道	トンネル、橋梁、鉄道軌道など
上下水道	上水道、下水道、集水桝、浄水施設、配水施設など
砂防	砂防堰堤など
法面、斜面	法枠、吹付け工、植生工、擁壁など
港湾、空港	岸壁、防波堤、防潮堤、消波ブロック、離岸堤、滑走路など

（資料：ハタ コンサルタント）

> **絶対に押さえておくべき POINT**
>
> 建設業は建築工事や土木工事を担う。
> 建物や構造物に機能を与える設備工事の役割も大きい。

Chapter5　建設業はどんなプレーヤーが支えるのか

section 2

建設業は社会や経済を支えている

　建設業は生産額が国内総生産（GDP）の5%強、就業人口が全産業の7%強にもなる巨大産業であり、主として建築物やインフラ構造物を造り出しています。同時に、人々の暮らしや社会・環境インフラを守る裏方として、設備の更新、老朽化対策、維持管理などの役割も果たしています。では、実際にどのような仕事を手掛けているのでしょうか。具体的に見ていきましょう。

　まず、建築分野の身近なところでは、戸建住宅や集合住宅、学校、医療・福祉施設などが目に止まります。市街地には商業ビルや庁舎、事務所、駅舎、倉庫などの建物、アリーナやスタジアム、スカイツリーに代表される塔建築といった大規模な建築物を整備しています。さらには、建築物の定期的な維持・補修はもちろん、神社仏閣や古城といった日本古来の建築物の維持・修復も手掛けます。

　土木分野で整備するのは、社会インフラや防災対策施設です。前者では、道路のほか橋梁、トンネル、ダム、上下水道施設、共同溝、港の岸壁・船だまり、空港滑走路といった構造物が該当します。後者では、洪水に備えるための河川堤防や水門、調整池、土砂災害や落石を防ぐための砂防堰堤や法枠、津波や高潮に抗う防波堤や防潮堤、消波ブロックなどが挙げられます。どちらも構造物の種類は多岐にわたります。

工事までに多様な業務が発生する

　上記のような建築物やインフラを建設・整備するために、関係者は日々、どのような業務に取り組んでいるのでしょうか。以下に、建設工事の流れと、その中で生じる業務を挙げてみましょう。

　まず、工事は発注者の発注準備から始まります。例えば、現場の地盤の状態を調べる「地質調査」、建設しようとする建築物や構造物の構造や仕様を決める「設計」、周辺エリアも含めた開発計画を立案する「不動産開発」、さらに、工事の価格を決めるための「積算」や「見積り」などが準備の段階に当たりま

す。この他、建設用地に第三者の保有地が含まれる場合は、所有者から「用地取得」をする必要があります。

発注する工事の内容が決まると、発注者は工事の受注者を決めるために入札や受注者の選定を行います。これに対して建設会社などの受注者側は、「営業」の担当者が工事の内容や条件、実行予算の見積りなどを勘案し、入札すべきか否か、発注者や施主との交渉にどう対応するか、配置技術者として誰を人選するかなどを検討します。

さらに、入札において技術提案が必須の場合は「技術開発」の担当者も協力。新工法の採用や建設機械の改造、ICT（情報通信技術）やIoT（もののインターネット）の導入といった工夫を講じて提案を充実させ、入札案件の受注を目指します。

人の手配も大切な業務

工事の受注が決まると、施工者は着工に向けて準備を始めます。例えば、現場を視察して周辺の状況を把握する「現地調査」、現場をまとめる技術者の「人選・配置」、工期や現場の環境・条件を踏まえた「施工計画」の立案などです。施工に必要な建材や資材、建機、下請けなど協力会社や職人の「調達・手配」も円滑な施工に向けた重要な業務です。

着工後、施工者は施工計画に沿って工事を進めます。その際、現場の技術者はしっかりと「施工管理」を行うことで品質や安全を確保。さらに、厳格な「工程管理」を実践することで進捗維持、工期遵守を図ります。現場を赤字にしないために「予算管理」を行い、当初の実行予算をベースに工事原価をコントロールして利益確保につなげます。

絶対に押さえておくべきPOINT

**建設業は建設工事を介した社会基盤の「造り手」である。
同時に国土の「守り手」でもある。**

Chapter5　建設業はどんなプレーヤーが支えるのか

section 3

工事を動かす各プレーヤーの役割

　工事では、発注から竣工までの間に重要な役割を果たす多様なポジション、職種があります。いくつかを挙げて説明していきましょう。

　まず「発注者」は、建設工事を依頼する人や組織を指します。公共工事の発注者は国土交通省や地方自治体など。民間工事の発注者（または「施主」）は、民間企業や民間団体、個人などです。発注者は、工事の内容やスケジュール、予算などを決定し、入札や任意で選んだ元請けの事業者に工事を依頼します。

　次に、「監理者」（または「工事監理者」）は、専門的知識を持つ技術者などが発注者から任命され、工事の技術的管理を担当します。建築士法などに基づき、工事の設計図書と現場を照合して、設計図書どおりに施工されているかを確認するなど、品質確保の要ともいえます。具体的には、品質管理を行い、工事の進捗や施工成果も含めて都度、発注者に報告する義務があります。不具合や工事の遅れが発生した場合は、監理者も発注者に報告しなくてはなりません。監理者の選定は、発注者にとって重大な意思決定事項なのです。

　「施工者」は、元請け事業者として、発注者や設計者から提供された設計図書を基に、建築物や構造物を実際に造る役割を担います。工事に際しては、施工だけでなく進行状況の確認や品質管理、安全管理なども行い、工期内に完成させます。一般的に、ゼネコン（ゼネラルコントラクター）が担当します。

　施工者の下請けとして、あるいは施主からの依頼を受けて、特定の工事分野の施工を行うのが専門的な知識や技術を持つ「専門工事会社」です。特定の工事分野とは、例えば、電気工事、管工事、大工工事、左官工事、塗装工事、防水工事、造園工事、鋼構造物工事、石工事、屋根工事、電気通信工事などです。専門工事会社は、建築物や構造物の施工品質や安全性を保つために欠かせない存在です。なお下請けの施工者を中心に協力会社とも呼ばれています。

設計者は構造や仕様を決める

　施工の基準となる設計図書を作成するのは「設計者」です。設計には意匠

設計と構造設計、設備設計がありますが、それぞれの設計業務の中身や役割についても見ておきましょう。

まず、意匠設計は基本設計と詳細設計から成ります。基本設計では発注者や施主の要望を建物のデザインや間取りなどに反映させる他、設計が予算とかけ離れていないか、建築基準法に適合しているかなどについても確認します。

発注者などが基本設計の内容に合意したら、契約を行い詳細設計に進みます。詳細設計では、各部位の正確な寸法、使用する建材など、建物全てのものについて細部を決定し、基本設計を修正します。

一方、構造設計では、意匠設計をベースに、建物の強度、耐久性、安全性などを物理的に検討し、最適な構造になるように設計します。例えば、構造形式は木造、鉄筋コンクリート造、鉄骨造、鉄骨鉄筋コンクリート造などに分類されますが、その中から最適な構造を選定。構造材となる梁や柱についても太さや大きさ、形状を決定します。

耐震構造も構造設計での検討事項ですが、建物自体の強度を高める耐震構造以外にも制振装置によって建物の変形を抑える制震構造、さらには免振装置を設けて地震の揺れを建物に伝わりにくくする免震構造など多様化しており、設計がより高度化しています。

構造設計での検討の結果、意匠設計どおりに建築できないと判断された場合は、意匠設計をやり直すことになります。

設備設計は電気設備や空調設備、機械設備などの設計を担います。こちらも意匠設計などと協調を図りながら進めます。

**建設工事には数多くのプレーヤーが存在。
それぞれが自分の役割を果たしながら進める。**

Chapter5　建設業はどんなプレーヤーが支えるのか

section 4

専門用語が飛び交う現場

　どんな業界でも専門用語があるように、建設業の職場でも特有の「隠語」が飛び交います。以下に、代表的なものを紹介しましょう。

　例えば、生き物にちなんだ言葉では、「キャットウォーク」が有名です。これは、施設や構造物の高所に設けられた点検用の通路や足場を指します。また、現場では、脚立を「ウマ」、手押し一輪車を「ネコ」、スコップを「モグラ」と、それぞれ呼んでいます。その他、配管工事や電気工事で管をつかんだりボルトを締め付けたりする工具は「カラス」、土木工事で盛り土の目標の高さなどを示す木杭（丁張り）は「トンボ」の愛称を持ちます。

　食べ物にまつわる言葉もあります。「ドーナツ」はコンクリートを打設するときに用いる円形のツール、「チーズ」はT字形の配管用継ぎ手のニックネームです。方形のタイルを貼る際、目地を縦横一直線に通す貼り方は「芋目地」といいます。

　その他、現場での作業・行為や部材などの部位にも業界特有の呼び方があります。例えば、「ピン角（ぴんかど）」は、部材などの角が直角で尖っている状態のことを表し、これに対して「面取り」は、部材のぴん角の部分を安全性向上や意匠のため削ることを指します。部材や構造物の上側を「上端（うわば）」（または「天端（てんば）」）、下側を「下端（したば）」、壁と柱、壁と壁などが、角度をもって交わることによりできる外側のコーナーの部分を「出隅（ですみ）」、内側のコーナーを「入隅（いりすみ）」とそれぞれ呼ぶなど、対になる専門用語もあります。他にも、「KY」は一般的な「空気を読めない」ではなく、現場での事故発生を防ぐ安全活動の「危険予知」を表す言葉です。

建設業界ならではの書類も

　建設工事では、言葉だけでなく契約や取り引きなどに用いられる書類も業界特有のものがあります。現場を支援する事務スタッフの皆さんは、次ページに示す各々の書類の意味や役割、使い方を理解して、対応や処理に慣れて

いく必要があります。

建設現場で用いられる書類の例

呼び方	意味、使い方
見積り書	この工事であればこれだけの金額で仕上げることができると契約前に宣言するもの。また、見積り書を作成するために、設計図や仕様書に基づき工事の内容を細かく項目別に算出することを「内訳」という
建設工事請負契約書	請負業者が工事の完成を約束し、発注者が請負代金の支払いを約束するというように、お互いの約束ごとを書面で表したもの
仕様書	請負業者が工事を行う際、発注者の求める品質に適合するように、工法や使用材料の品質・数量、規格などを示したもの
実行予算書	見積り書をタタキ台（基となる案）とし、細部の検討を加え、この工事はこれだけの金額でできるという現場代理人の意思表示書
注文書、注文請書	元請けと下請けの間などで取り交わす契約書のこと。最初に仕事を頼む側が注文書を作成し、次に仕事を受ける側が注文請書を作成し、お互いに取り交わす
納品書（納品伝票）	資材納入業者が、材料などを現場に納めた際に渡す伝票のこと
請求書	資材納入業者からは当月購入したものについて、下請けからは当月の出来高について作成される。支払い金額の基になるもの
作業日報（作業日誌）	元請けの技術者が1日の作業内容と、働いた作業員の名前を記入する。さらに、その日に使用した材料や機械なども、作業別に記入する。また、出来高数量などを記録することにより支払い金額の算定基準にもなる
月次原価報告書	作業日報で1カ月にかかった人工（にんく）、材料、機械などを集計したもので、実行予算と比較した差異が分かる。どこに問題（遅れ、ロスなど）があるのかを知る糸口になるもの

（資料：ハタ コンサルタント）

**職場や現場では多くの専門用語が飛び交う。
職員や職人とのやり取りから1つひとつ覚えていく。**

Chapter5 建設業はどんなプレーヤーが支えるのか

section 5

とある現場監督の一日

　大手建設会社は、住宅や商業ビル、公園、道路、橋梁といった建築工事や土木工事を担います。そうした工事は、大規模なプロジェクトになることが多く、複数の大手建設会社と共同企業体（JV：Joint Venture）を結成したり、下請けとなる複数の専門工事会社を従えたりして工事を進めます。大手建設会社は「ゼネコン（ゼネラルコントラクター）」とも呼ばれ、それら複数の企業を束ね、現場のリーダーとして指示・調整する役割を担います。また、ゼネコンは設計や施工だけでなく、建築構造や土木構造、施工技術、環境対策技術などの研究開発も行います。

　ゼネコンの中で、年間売上高が1兆円規模の会社は「スーパーゼネコン」と呼ばれ、大規模プロジェクトを多数手掛けています。また、スーパーゼネコンに続く規模のゼネコンを「準大手ゼネコン」、さらにそれに続く規模のゼネコンを「中堅ゼネコン」と呼びます。この他、規模は比較的小さいものの、地方で地元の建設事業を中心に手掛ける「地場ゼネコン」の存在も忘れてはなりません。

現場監督は多忙

　元請けとして工事を請け負った建設会社は、施工管理を担う技術者を「主任技術者」や「監理技術者」として現場に配置します。配置された技術者は現場監督として施工管理や工程管理、安全管理などを担当します。現場監督は、いわばオーケストラの指揮者の立場で、下請けの専門工事会社や作業員の仕事を指示・調整しながら建築物や構造物を竣工に導きます。そのため、施工管理を担う技術者には統率力やマネジメント力が欠かせません。たとえ年齢が若くても、多くの人たちをまとめて、工事を統率・牽引しなければならないのです。

　現場監督の1日はどのようなものでしょうか。大半の建設現場は朝8時の朝礼でスタートし、朝礼の終了とともに作業が始まります。作業開始から作

業が終わる17時までの間が、作業員が働くコアタイムとなりますが、現場監督はこのコアタイムに現場パトロールや打ち合わせ、施工計画の策定などを行います。もちろん、仕事の段取りや書類整理、届出などの事務的な作業も含まれます。

　近年は働き方改革が進み、残業時間が制限されています。しかし、仕事量は減っていませんので、生産性を上げることが求められています。そのため、現場監督以外でも対応できる書類整理業務は、現場を支援する事務スタッフなどに任せるケースが多くなっています。

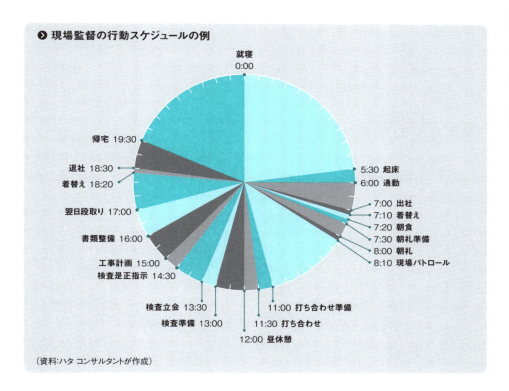

● 現場監督の行動スケジュールの例

（資料:ハタ コンサルタントが作成）

絶対に押さえておくべきPOINT

建設現場の成否は現場監督の働き次第。
作業を分け工事計画に専念してもらうことが大事。

Chapter5　建設業はどんなプレーヤーが支えるのか

section 6

事務スタッフは何を支援すべきか

　現場監督の仕事とは、立ち上げたばかりのスタートアップ企業を1年程度で成功に導くようなもの。多忙な現場監督が膨大な仕事を1人で全てこなすのは困難です。では、事務スタッフの皆さんは具体的にどのような支援をすべきなのでしょうか。ハタコンサルタントでは、実際に現場監督として業務に当たっている、あるいは現場監督を担ったことがある建設会社の施工管理技術者に対して「支援してほしい具体的な内容」を尋ねるアンケートを2022年に実施し、526件の回答を得ました。この結果が参考になります。

書類の作成・整理の負荷が大

　このアンケートの結果を見ると、現場が求める具体的な支援内容は「書類の作成」や「書類の整理」が圧倒的に多いと分かります。現場監督の本来の仕事は、設計図を読み、それに従って建築物や構造物を造り上げることです。しかし、現在の多くの現場は、本業以外の書類関連作業が増加し、さらに人手不足も深刻な状況。書類関連作業が、現場監督が本業に集中するのを妨げているのです。このアンケート結果は、「書類整理業務は誰かに代行してもらいたい」という、現場監督の切実な思いを反映しているといえます。

　いま、建設業界では、デジタルトランスフォーメーション（DX）を推進しています。どの部分をDXすべきか迷う企業も多いですが、社員が直面している課題に焦点を当てることが重要です。まずはDXによって書類整理業務を簡素化したり効率化したりすることで現場監督の負担を軽減できれば、状況は改善するでしょう。

　ただし、DXを進める際には、これまでの業務やプロセスを見直さなければならないので、一時的に仕事量が増えます。そして、DXを推進するに当たっては、犠牲にすべきことも出てくる可能性があります。新たな挑戦には古いやり方・習慣を変える覚悟が必要です。その覚悟がなければ、生産性は永遠に向上しません。

支援してほしい具体的な内容（ハタコンサルタント調べ）

項目（全体に占める割合）	内容（各項目に占める割合）
安全（41%）	安全書類の作成や整理（13%）
	施工体系図などの組織関連書類の作成（10%）
	安全パトロール・災害防止協議会に関する書類の作成や整理（9%）
	安全看板の作成（7%）
	労務管理（自社員の残業・休日や技能者の常用管理）（2%）
品質（34%）	工事写真用の電子黒板の作成（15%）
	工事写真の整理（8%）
	工事会議の議事録作成（3%）
	図面の作成や修正（3%）
	検査立会補助や書類作成、整理（3%）
	写真撮影や測量の手元補助（2%）
原価（11%）	納品書・請求書の整理（7%）
	積算（数量拾い）（4%）
法令（9%）	届出書類の作成や整理・保管（8%）
	役所へ提出する書類の作成・届出（1%）
工程（3%）	周辺住民への配布資料作成（3%）
モチベーション（1%）	社員の意識改革支援（0.5%）
	現場職員の現業を減らすという意識（0.5%）
ICT（1%）	ICT化の導入推進・補佐（0.5%）
	ZOOMなどIT環境の設定運用全般（0.5%）

（資料：ハタ コンサルタント）

絶対に押さえておくべきPOINT

生産性向上には書類関連作業の削減が急務。
作業支援やDXで現場を変えることが重要。

Chapter 6 現場の環境をどのように守るのか

改正労働基準法と働き方改革

section 1

　2019年に施行された改正労働基準法（以下、労基法）は労働者の労働時間について、原則として1日8時間以内、1週40時間以内と規定しています。これを「法定労働時間」といいます。また、労基法では休日についても規定しており、毎週1回以上与えることを義務付けています。

　労働者に法定労働時間を超えた労働や法定休日での労働を求める場合は、雇用者は労働者の代表と、労基法36条に基づく労使協定（36協定）を締結し、その内容を所轄の労働基準監督署長に届け出る必要があります。ただし、協定の締結によって残業や休日の労働が可能になったとしても、原則として月45時間以内、年360時間以内という上限が設けられています。

　こうしたルールは原則として全ての業界に適用されているものです。ただし、臨時的・緊急的に仕事量が増加する性質を持つ業種（建設業も含まれる）ではルール適用が5年間猶予され、「特別な事情」がある場合は、「特別条項付き36協定」を締結すれば上限を超えて残業させることができました。

　しかし、働き方改革の推進に伴って猶予が解消された24年4月からは、建設業に対しても時間外労働の上限規制が適用され、原則として月45時間・年360時間の制限が課せられました。さらに、「特別条項付き36協定」を締結した場合でも、残業は単月で100時間未満、複数月で平均80時間以内、年間720時間以内となり、月45時間の基本原則を超えられるのは年6回までにとどめる規定も追加されました。

技能者の処遇向上も課題

　建設業界では、労働者の健康確保やモチベーション向上につなげるため、週休1日制から週休2日制への移行を進めています。例えば、国土交通省は24年4月から、直轄工事の工期中の各月で週休2日を実現することを目指しています。ただし、週休2日は法的に義務化されてはいません。

　長時間労働の削減や週休2日導入の推進など、働き方改革を実現するには

適正な工期設定と施工時期の平準化が必須です。発注者と受注者が協力して実現するのが望ましいでしょう。その他、職人や作業員といった技能者の処遇向上も重要です。技能や経験にふさわしい給与を実現するため、発注者や業界全体で労務単価の向上や適切な賃金水準の確保に努めていかなくてはなりません。

働き方改革の推進には生産性の向上も欠かせません。そのカギとなるのが工事現場を動かす技術者の技術力です。常に知識の蓄積や技術力の研鑽を心掛けることが、現場環境、ひいては建設業界全体の改善へとつながります。ここでは、現場を支援する事務スタッフの方の技術力向上も欠かせません。

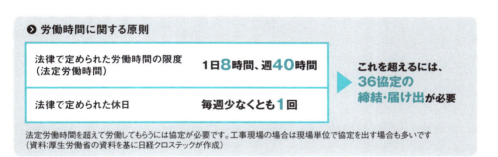

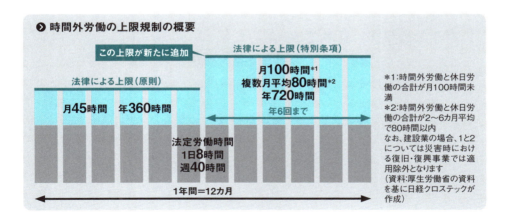

絶対に押さえておくべきPOINT

労働環境の改善が建設業の喫緊の課題。
その実現には働き方改革と生産性向上が両輪。

Chapter6　現場の環境をどのように守るのか

section 2

建設業とSDGs活動

　現場で発生する温室効果ガスや廃棄物による地球温暖化、環境汚染———。建設事業は地球の環境に大きな影響を与えます。工事や建築物・構造物の出現によって生態系などに変化を及ぼす可能性があるためです。そこで建設業界では、いわゆるSDGs（持続可能な開発目標）の取り組みを進めています。

　例えば「低炭素社会の構築」では、省エネルギー型の建物や街を開発。「環境負荷の低減」では、建設現場での3R（リデュース、リユース、リサイクル）を実践したりゼロエミッションに挑んだりしています。「自然共生社会の実現」としては、都市部の緑化（屋上・壁面の緑化など）や生物多様性の保護（アニマルパスウェイや魚道の設置、ビオトープの整備）などが挙げられます。「環境経営と技術の開発」としては、環境情報の開示（CSR報告書）や環境技術の研究・開発などがあります。建設業は、より豊かな環境を築くために多様なSDGs活動を行っているのです。

低炭素社会構築に貢献できる業界に

　上述したSDGs活動のうち、低炭素社会の構築について具体例を紹介しましょう。低炭素社会とは温室効果ガス（CO_2など）の排出量を削減するとともに、持続可能なエネルギー源を活用する社会を指します。例えば、社会活動や経済活動におけるエネルギー使用を最適化して排出量を減らす、太陽光・風力・水力などの再生可能エネルギー源を活用する、持続可能な交通システムとして公共交通機関の利用促進や電気自動車の普及を図る、産業プロセスを改善して温室効果ガスの排出量を減らす、といった具合です。こうした取り組みによって低炭素社会への移行を進めることは、地球温暖化の抑制や持続可能な未来を構築するために非常に重要です。

　建設事業で発生するCO_2について考えてみましょう。例えば、1立方メートルのコンクリートを製造する際に発生するCO_2の量はおおよそ0.3tです。また、施工時に使われる建設機械から排出されるCO_2の量は年間571万t

（2021年度）で、エンジンに化石燃料を使っているため、排出量を削減することが難しいといわれています。

これに対して、樹木が吸収・固定している二酸化炭素の量は木の種類や大きさによって異なるものの、適切に手入れされた36〜40年生のスギ人工林なら、1ha当たり約83tの炭素（CO_2に換算すると約304t）を蓄えていると推定されます。また、同じスギ人工林が1年間に吸収する二酸化炭素の量は約8.8t（炭素量に換算すると約2.4t）です。ちなみに、この吸収量は1世帯から1年間に排出されるCO_2と同程度です。

現場の事務スタッフにできるSDGs活動例としては、ペーパーレス化があります。具体的には、紙で配布予定の書類をスキャンしてデジタル化し、それらをQRコードでアクセスできるデータにします。そのQRコードのみ提示すれば大幅なペーパーレス化が実現できるでしょう。

▶ 法制度や業界の取り組みによる低環境負荷への対応

省エネ・再エネに関する法律	「建築物のエネルギー消費性能の向上に関する法律（建築物省エネ法）」により、建築物のエネルギー消費性能向上を目指す。「2030年までにCO_2排出量を46%削減」が目標
ZEB（ネット・ゼロ・エネルギー・ビル）やZEH（ネット・ゼロ・エネルギー・ハウス）への期待	ZEBとは、省エネと創エネの機能・性能により、建物で消費する年間の一次エネルギーの収支を実質ゼロにすることを目指す建物のこと。ZEHはその住宅版。国は、2030年度以降に新築される住宅や建築物について、ZEBやZEHの省エネ性能を確保することを目指している
建設業界挙げての低炭素への取り組み	建設業は建設事業でのエネルギー使用についてのCO_2排出量を計算し、改善策を検討し実行している

建設業では2050年のカーボンニュートラル実現に向けて、ZEBやZEHなどの技術を生かし、CO_2削減を行っています
（資料：国土交通省）

絶対に押さえておくべきPOINT
建設業界は省エネ・低環境負荷社会の実現を目指す。
業界を挙げてSDGsの取り組みを実践。

Chapter6　現場の環境をどのように守るのか

section 3

届出や許可は法令遵守の証

　法令を遵守しながら工事を進めるために、建設現場では多様な許可申請や届出を行う必要があります。法令で義務付けられているものを紹介します。
　「建設リサイクル法」の対象工事では、施工者が「分別解体等の計画書」などを作成して発注者に書面で説明します。発注者は工事着手の7日前までに、その内容を都道府県知事に届け出る必要があります。また、施工者は工事において一定規模以上の建設資材を搬入・搬出する場合、「再生資源利用〔促進〕計画書（実施書）」も作成します。
　この書類には、工事概要や利用する再生資材、現場外に排出する建設副産物などを記入します。建設副産物に相当するのは、土砂、砕石、建設発生土、コンクリート塊、アスファルト・コンクリート塊、建設発生木材などです。詳しくは、国土交通省のホームページで入手できる様式を参照するとよいでしょう。
　「廃棄物処理法」では、現場外で産業廃棄物を保管する際の届出を規定しています。面積300m^{2}を超える現場外の場所に、工事で発生した産業廃棄物を保管する場合は、あらかじめ都道府県知事や政令市長への届出を求めています。また同法では、現場に汚泥の脱水施設や乾燥施設を設置する場合、施設の規模に応じて知事の許可が必要です。処理を外部に委託する場合は、「廃棄物処理委託契約」を書面で締結しておくことが前提になります。
　その他、建築物の解体工事などでは、業務用冷凍空調機（エアコン）の有無を確認し、発注者に「事前確認書」を交付し、説明しておく必要があります。これは、「フロン回収・破壊法」に基づく手続きです。

自然環境や現場環境に関連した規制も多い

　「土壌汚染対策法」は、土工事や地盤改良工事に伴う「土地の形質変更」について届出を義務付けています。形質変更を行う面積が3000m^{2}以上の場合は、発注者は工事開始の30日前までに届け出なければなりません。また、形

質変更届出区域などから汚染土壌を搬出する場合は、作業開始の14日前までに都道府県知事への届出が必要です。なお、土砂の取り扱いについては、「残土条例」などを定めている自治体もあるので事前に確認しておきましょう。

「大気汚染防止法」で建設工事と関わりがあるのは「特定粉じん排出等作業に係る規制」です。吹き付け石綿などが使用されている建築物、その他の工作物を解体・改造・補修する作業を行う場合、14日前までに都道府県知事などに所定の事項を届け出なければなりません。基準に適合していないと認められるときは、計画の変更などを命じられることがあります。

現場の近隣で生活する住民への影響を踏まえた届出や許可も数多くあります。例えば、著しい騒音や振動を伴う「特定建設作業」を行う場合は、「騒音規制法」や「振動規制法」に基づき、作業開始の7日前までに市町村長に届出を行っておかなければなりません。

1日当たり50m^{3}を超える工事排水を公共下水道や河川に排出する場合は、「水質汚濁防止法」「下水道法」「河川法」に基づく届出を行います。

景観や自然環境保全に関する法律によって「景観計画区域」「自然環境保全区域」「緑地保全区域」「生息地等保護区」「鳥獣保護区」などに指定されたエリアでは、現場周辺の景観や生息する生物への配慮が必要です。作業開始前にそれぞれの法律に従い、届出や許可を済ませておきます。

建設工事では、作業に応じて可燃性ガスや火薬といった危険物を使うことがありますが、その取り扱いや貯蔵については「消防法」で規定されています。一定規模の新築工事や増改築工事などを行う場合、防火管理者が「消防計画作成（変更）届出書」を作成し、管轄消防署に提出します。記入する内容は、工事計画における、消火器の配置、避難経路、危険物などの管理に関することです。建設工事は、溶接・溶断作業、塗装作業、危険物品の使用、作業員の喫煙、その他、通常の作業などにおいて火災の危険性があるためです。防火管理者とは、防火管理講習修了者または防火管理者として必要な学識経験を有すると認められる者です。

絶対に押さえておくべきPOINT

**建設工事では多様な法令に基づく届出・許可が必要。
関連する法令を理解しておくことも重要。**

Chapter6　現場の環境をどのように守るのか

section 4

産業廃棄物マニフェストとは

　工事現場で排出されるゴミは「産業廃棄物」であり、全て排出事業者（元請けなど）の責任の下で処理しなければなりません。現場で使った資材などを梱包していた梱包材も例外ではないので、搬入業者に持ち帰らせてはいけません。

　産業廃棄物の処理業務を外部に委託する場合は、排出事業者が「産業廃棄物マニフェスト」（または「産業廃棄物管理票」。以下、マニフェスト）と呼ぶ専用の伝票を委託先に交付し、そのやり取りによって処理が適正に行われているかを把握する必要があります。

　マニフェストには、交付年月日や交付番号、運搬・処分業者の情報、産業廃棄物の荷姿、最終処分場所などが記載されます。紙タイプと電子タイプがあり、紙タイプは複写式の7枚綴りで、関係者が「収集運搬終了」や「処分終了」などを報告したり確認したりできるような構成です。一方、電子タイプはネット上に構築した専用のプラットフォームで運用します。

排出事業者はマニフェスト交付状況を報告

　紙タイプのマニフェストを例に、運用の流れを確認しておきましょう。まず、元請けなどの排出事業者は、産業廃棄物の種類、数量、処理業者の名称などを記載したマニフェストを、廃棄物の種類ごと、行き先（処分場）ごとに作成。産業廃棄物を委託した収集運搬業者や処理業者に引き渡す際にマニフェストを交付します。

　交付されたマニフェストは運搬業者により産業廃棄物とともに搬送。処理業者や処理場に届けられます。運搬終了や処理終了のタイミングで、運搬業者や処理業者はそれぞれ、作業終了の記録をマニュフェストに残します。記録されたマニフェストは排出事業者や運搬業者に返送され、これを受けて排出事業者は作業完了を確認します。

　マニフェストのやり取りでは、まずは入力や押印に漏れがないかをチェッ

クする他、現場に必要な票がそろっているか、処分が完了しているのに票が届いていないといった状況に陥っていないかなども確認します。マニフェストの交付から90日（特定管理物は60日）以内に運搬終了の確認伝票（B2票）と処分終了の確認伝票（D票）が、180日以内に最終処分確認の伝票（E票）が、それぞれ返送されない場合や、規定事項が記載されない場合などは速やかに状況を把握し、規定された期間が経過した日から30日以内に都道府県知事、政令市長または中核市長に報告書を提出する必要があります。

B2票やD票、E票は送付を受けた日から5年間保存する義務があり、管理票の控え（A票）は発行後5年間保存しなければなりません。さらに、排出事業者は、前年度に交付したマニフェストの状況を報告書にまとめ、新年度の6月末までに知事などに報告します。

「専ら物」はマニフェスト不要

産業廃棄物のうち、古紙やくず鉄（古銅などを含む）、あきびん類、古繊維の4種類を「専ら物（もっぱらぶつ）」、また、これらを再生利用する業者を「専ら業者」とそれぞれ呼んでいます。専ら物の処理を専ら業者に委託する場合、マニフェストは不要です。

● 紙タイプのマニュフェストの構成

A票	排出事業者の保存用
B1票	収集運搬業者の控え
B2票	収集運搬業者から排出事業者に返送され、運搬終了を確認
C1票	処理業者の保存用
C2票	処理業者から収集運搬業者に返送され、処分終了を確認（収集運搬業者の保存用）
D票	処理業者から排出事業者に返送され、処分終了を確認
E票	処理業者から排出事業者に返送され、最終処分終了を確認

紙マニュフェストは7票です。構成を覚えましょう（資料:e-reverse.comのホームページに掲載の資料を基に作成）

絶対に押さえておくべき POINT
マニフェストで確実に産業廃棄物の処理を管理する。
梱包材なども忘れずに対処する。

Chapter6 現場の環境をどのように守るのか

section 5

一筋縄ではいかない産業廃棄物の処理

　産業廃棄物の処理業務を外部に委託する際、排出事業者と収集運搬業者および処分業者が「産業廃棄物処理委託契約書」と呼ぶ書面を取り交わしていることが前提になります。口頭での合意は認められません。

　この契約書には、産業廃棄物の種類、数量、処理方法など、廃棄物処理法の施行令・施行規則で定められた必要事項を記入し、委託先の許可を確認するために許可証の写しを添付します。また、契約書やその写しは、委託契約終了日から5年間、保存することが義務付けられています。

産業廃棄物の保管方法にもルールがある

　工事で出た産業廃棄物を野外焼却することは廃棄物処理法で禁止されています。そのため、処理業者に引き渡すまでは原則として現場内で保管することになりますが、保管方法についても廃棄物処理法による多様な規定があります。例えば、積み上げ高さや勾配、風雨への対策、悪臭発生に対する養生、保管場所への掲示板設置などです。掲示板の大きさは縦横60cm以上と決められています。

危険を伴う産業廃棄物の処理

　解体工事などで、廃石綿（アスベスト）やPCBなどの「特別管理産業廃棄物」が排出される場合は法令に基づき、「特別管理産業廃棄物管理責任者」を設置する義務があります。さらに、排出者責任の原則に基づき、事業者がその処理責任を負います。一般に、特別管理産業廃棄物の許可業者に運搬または処分を委託しなければなりません。

　特別管理産業廃棄物管理責任者は、危険性が高い特別管理産業廃棄物の処理を扱える資格を持つ管理責任者で、特別管理産業廃棄物の処理業務においては責任者の位置付けになります。処理業務に際しては、廃棄物の種類や量の把握、適切な処理方法の選定、処理計画の立案、処理実施の監督などを担い

ます。

　特別管理産業廃棄物管理責任者の資格は、特別管理産業廃棄物の取り扱いや処理方法、関連する法令知識などに関する講習を受講し、修了試験に合格するなどすれば取得できます。

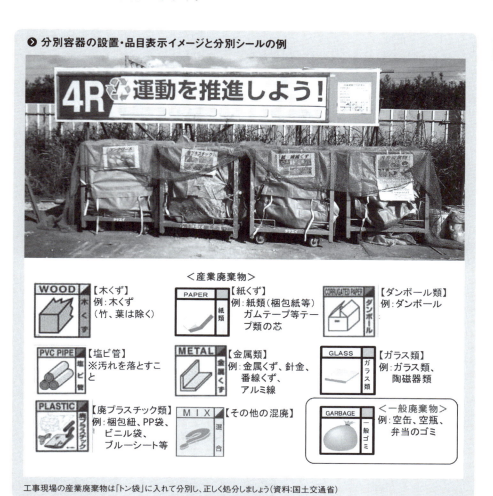

● 分別容器の設置・品目表示イメージと分別シールの例

工事現場の産業廃棄物は「トン袋」に入れて分別し、正しく処分しましょう（資料:国土交通省）

工事現場から出た産業廃棄物は責任を持って廃棄。
外部への委託では運搬業者や処理業者との契約が要る。

Chapter6　現場の環境をどのように守るのか

作業に伴う著しい騒音・振動への対応

　労働安全衛生法では、建設工事で著しい騒音や振動を発生する作業を「特定建設作業」と定めています。特定建設作業を行う場合は、作業開始の7日前までに市町村長へ届け出る必要があります。各自治体では、特定建設作業に対する規制基準をそれぞれ設けていますが、施工者が基準を満たせない場合は、自治体から改善勧告や改善命令を受けることもあります。必要な届出書類や基準内容の詳細について、各市町村の担当課で確認しておきましょう。

騒音と振動は法律で規制

　騒音や振動の規制については、以下のような法律があります。
　まずは「騒音規制法」。これは、工場や事業場における事業活動や建設工事に伴う騒音を規制する法律で、生活環境の保全や国民の健康を守ることを目的としています。
　この法律では、工場や事業場に設置される施設のうち、著しい騒音を発生するものを「特定施設」と定義し、特定施設を設置する工場や事業場において、敷地の境界線での騒音の許容限度（規制基準）を定めています。
　振動については「振動規制法」で規制します。特定建設作業を行う場合は、作業場所がある市区町村の環境担当課に、作業開始の7日前までに元請け会社が届け出るよう義務付けられています。
　なお、騒音や振動の数値の測定は仮囲いの位置で実施するのが一般的ですが、まずは各市区町村の担当課に確認しておいた方がよいでしょう。

◉ 東京都世田谷区が定める特定建設作業への規制

番号	項目	規制の基準や名称など
1	特定建設作業届提出時期	作業開始の7日前
2	提出者	施工者
3	基準値　騒音	85dB
4	基準値　振動	75dB
5	基準値を測定すべき場所	敷地境界
6	対象の作業時間帯	午前7時～午後7時
7	1日の延べ作業時間	10時間以内
8	同一作業場所の作業期間	連続6日以内
9	日曜日・休日の作業	禁止

特定建設作業の届出を出しても終わりではありません。細かいルールを守って作業をしなければ罰則の対象になります。対象地域の規制内容を理解して工事を進めていく必要があります（資料：東京都世田谷区の資料を基に作成）

◉ 届出が必要な特定建設作業の例

主な機械の種類		騒音規制法	振動規制法
杭打ち機	ドロップハンマー	○	○
	ディーゼルハンマー	○	○
	杭打・杭抜機（バイブロハンマーなど）	○	○
	アースオーガー併用杭打機	-	○
	現場造成杭	-	-
びょう打ち機（リベットガンなど）		○	-
さく岩機（1日あたり50m以上移動する作業は除く）	ジャイアントブレーカー	○	○
	ハンドブレーカー、ピックハンマー	○	-
	電動式ブレーカー	○	-
油圧式破砕機（ニブラなど）		-	-
掘削機（低騒音型の指定を受けた機種は除く）	バックホウ（出力80kW以上）	○	-
	トラクターショベル（出力70kW以上）	○	-
	ブルドーザー（出力40kW以上）	○	-
空気圧縮機（出力15kW以上）（電動機・さく岩機用は除く）		○	-
コンクリートプラント（混練容量0.45m^3以上）（モルタル用は除く）		○	-
アスファルトプラント（混練重量200kg以上）		○	-
鋼球使用の破壊作業		-	○
舗装版破砕機（1日当たり50m以上移動する作業は除く）		-	○

特定建設作業に指定されている工法の例。東京都の「都民の健康と安全を確保する環境に関する条例」のように、地域ごとに条例が定められている場合がある（資料：東京都世田谷区の資料を基に作成）

絶対に押さえておくべき POINT

著しい騒音や振動を発生する作業は「特定建設作業」。
各自治体の条例などに従って適切に管理する。

Chapter6　現場の環境をどのように守るのか

現場からの排水はルールに従う

　工事現場で発生する排水は、現場から排出する前にノッチタンクと呼ばれる沈殿槽を使って適切に処理することが重要です。ノッチタンクは排水に含まれる汚泥などを沈殿させ、環境への影響を最小限に抑える役割を果たします。このような対策で、公共の下水道や、排水溝にモルタルや泥を流入させないようにしましょう。流入が発覚した場合は、工事現場負担で下水道の清掃を命じられる可能性があります。処理後の排水がアルカリ性の場合は、排出する前にpH中和装置を使用してpH値を調整し、基準を満たすようにする必要があります。

　工事期間中に公共下水道に排水する場合は、実際に排水を行う2週間前までに下水道局に届出を提出する必要があります。さらに、工事が終了したら、同局に廃止届を提出しなければなりません。これらの規定や処理方法を守り、工事排水による環境問題を発生させないことが大切です。

　つまり、下水道法の規定を踏まえると、現場から下水道に排水する場合は以下のような対応が必要になります。例えば、公共下水道に1日当たり50m^{3}以上を継続して排水する場合は、ノッチタンクによる泥水・濁水の処理を行ったうえで、pH中和装置でpH値を整えるのです。

河川に流す場合も水質基準を守る

　現場から河川に排水する場合は、河川法や水質汚濁防止法への対応も求められます。例えば、河川に1日当たり50m^{3}以上を継続して排水する場合は、排水のpH値が5.8～8.6の範囲内、SS（浮遊物質量）の水質基準値を満たす、といった規定を守る必要があります。

　ある自治体内で実施された解体工事において、撤去作業中に廃液が水路に流出してしまい、魚が100匹程度へい死する環境事故が発生しました。解体業者はへい死した魚の回収の他、全額を負担して対策を実施することが迫られました。

● 工事現場の排水処理に伴う手順の例

		届出の流れ
1	相談	・各下水道事務所の水質規制担当に問い合わせる ・窓口または電話で、担当者に届出の書き方や必要な届出を確認 （窓口に出向く場合は、事前に連絡して日程調整を行う）
2	必要な届出の確定	・公共下水道使用開始（変更）届出書 ・特定施設の設置届出書 ・除害施設の新設等および使用の方法の変更届出書 ・水質管理責任者選任等届出書　など
3	作成	・必要に応じてFAXまたはメールで届出の下書きを提出 ・下水道局からの修正指導があった場合は修正 ・届出を正・副2部用意
4	提出	・窓口、郵送または電子申請にて届出を提出（窓口に提出する場合は、事前に日程調整を行う） ・受理書を受領（最大60日の届出審査期間あり）
5	審査	・審査中に届出の修正を指示されたら、修正した差し替え書類を提出 ・審査が完了し適正と判断された場合は、実施制限期間短縮通知が送られ、施設の着工が認められる
6	工事完了	・施設の設置が完了したら、5日以内に「工事等完了届出書」を提出 ・施設が適切に設置されているか、水質は基準値内かを確認をするための工事完了検査に立ち会う
7	使用廃止	・施設を撤去したら30日以内に「使用廃止届出書」を提出 ・施設が撤去されているかを確認するための廃止確認に立ち会う

東京都下水道局の場合、施設設置の60日前までに提出しなければなりません。提出期限を守り、早めに提出しましょう
（資料：東京都下水道局「工事現場の排水処理について」を基に作成）

6　現場の環境をどのように守るのか

**工事排水はまず現場で浄化処理を行う。
浄化後の排水もルールに従って進める**

Chapter 7 現場の安全をどのように守るのか

section 1

労働安全衛生法と3大災害

　建設業界で「安衛法」あるいは「労安衛生法」と呼ばれる「労働安全衛生法」について触れておきましょう。安衛法とは、労働者の安全や健康を守るために、職場での作業環境や労働条件について数多くの規定を定めた法律です。現場を支援する事務スタッフも理解しておくべき重要なルールです。

　この法律では、建設事業を担う者に課せられた安全衛生管理の基本的な取り組みとして、以下の4項目を挙げています。

　▽工程・作業間の連絡調整を行い、安全対策を協議する
　▽毎日の打ち合わせや安全指示などを工程と合わせて連絡調整する
　▽作業場所の巡視を作業日ごとに1回以上行う
　▽労働者に対して必要な安全衛生教育を行うための施設の提供、教育資料
　　の提供、講師の派遣などを行う

　法令を遵守しつつ工事を進めるには、上記4項目の実践が必須となります。なお、安衛法の条文では、発注者、注文者、事業者、関係請負人など、各立場を明確にした用語がよく使われます。右ページ上の表で、それぞれがどういった立場であるかを理解しておきましょう。

現場の高齢化で転倒災害が増加

　建設業は業務の性格上、労働災害が比較的多い業種といえるでしょう。特に多いのは、①墜落・転落災害、②建設機械・クレーン災害（はさまれ・巻き込まれ災害）、③倒壊・崩壊災害で、これらは建設業の「3大災害」といわれています。

　工事現場で発生する事故は人命にかかわる事故も多く、右ページ下に示すグラフのような統計が出ています。しかし最近は、この3大災害に加えて、転倒災害が増えています。現場で働く技術者や作業員の高齢化の進展との関係が大きそうです。

労働安全衛生法の条文で使われる主な言葉

発注者	(安衛法30条)注文者のうち、その仕事を他の者から請け負わないで注文している者
注文者	仕事を他人に請け負わせている者(一次下請けの注文者は元請け、二次下請けの注文者は一次下請け、三次下請けの注文者は二次下請けを指す。仕事を注文する立場が注文者)
元方事業者	1つの場所において行う仕事の一部を協力会社(請負人)に請け負わせ、自らも仕事の一部を行う最先次の注文者(いわゆる「元請け」)
特定元方事業者	元方事業者のうち、建設業や造船業の仕事を行う者
事業者	事業を行う者で、労働者を使用する者(法人または個人経営者)
関係請負人	元方事業者以外の協力会社で、一次、二次…最後次と続く(いわゆる専門工事会社など)

労働安全衛生法の基本用語を理解して、安全書類の作成や安全管理に役立てましょう
(資料:国土交通省土地建設産業局建設業課「建設業法令遵守ガイドラインの改訂について」に基づいて作成)

建設現場で発生した死亡災害の発生状況

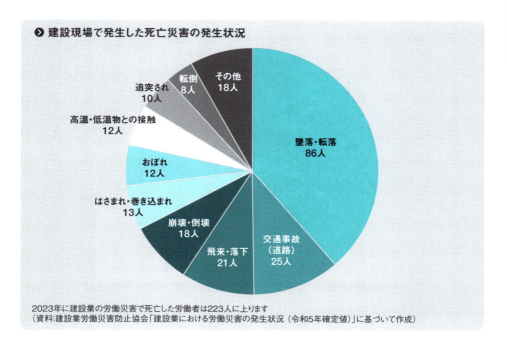

2023年に建設業の労働災害で死亡した労働者は223人に上ります
(資料:建設業労働災害防止協会「建設業における労働災害の発生状況(令和5年確定値)」に基づいて作成)

絶対に押さえておくべきPOINT
労働安全衛生法は労働者の安全や健康を守る法律。
現場での事故は人命にかかわる事案も多い。

Chapter7　現場の安全をどのように守るのか

section 2

現場には危険がいっぱい

　工事現場には多くの危険が潜んでいます。しかし、その危険を認識し、的確に対策を講じるのは難しいものです。例えば、作業員がヘルメットをかぶらずに作業をしていたとします。もし、その状況が視認可能であれば一目で「危険」を察知できます。ところが、物陰で作業しているなど視認できなければ、ヘルメットをかぶっていなかったことすら分かりません。つまり、そもそも危険を判断する以前の問題になるのです。

　一方で、一般的に安全と考えられる作業でも、事故の発生によって危険が見つかる場合もあります。例えば、ある作業員が傾斜や段差がない作業員用通路を徒歩で移動しているとします。その際に作業員自身がバランスを崩して転倒し、骨折したことによって通路に潜む危険が認識され、対策を求められることもあります。

　建設業では、そうならないように「リスクアセスメント」という手法を用いて事前の対策を行います。作業を始める前に危険（リスク）を数値化（アセスメント）し、危険度が高い箇所から優先的に対策を講じていくのです。

　リスクアセスメントを行う際は、できるだけ事故の根本原因を取り除くように考えます。例えば、「人」と「物」がぶつかって発生する事故は、ぶつかる原因を取り除けばよいわけです。よく講じられる具体例としては、作業で使用中の重機の周囲を立入禁止区域にする対策が挙げられます。作業員と重機との距離を常に一定に保つようにして、万が一、オペレーターが操作ミスをしたとしても両者が接触しないようにするのです。これなら、少なくとも人身事故は起こりません。

大事故1件の背後に数千のハザード

　建設業の安全管理に「ハインリッヒの法則」という考え方が用いられることがあります。事故の発生状況はその程度に応じた比率があるという理論で、例えば、1件の重大事故（死亡事故や人命にかかわる事故）が発生した現場で

は、重大事故までには至らない軽傷などの事故が29件、障害や物損までには至らないまでも危険を感じた事案（ヒヤリハット）が300件、さらには、ヒヤリハットを誘発する不安全状態や不安全行動といった「ハザード」が数千件、それぞれ発生していると指摘されています。

　的確なリスクアセスメントを実施し、まずは事故の「芽」であるハザードを撲滅して重大事故の発生防止につなげていく。現場を支援する事務スタッフの皆さんもこの点を意識しておくとよいでしょう。

● ハインリッヒの法則

重大事故を絶対に発生させないためにハザードに気づき、それを撲滅しましょう（資料：建設業労働災害防止協会のリーフレット『建災防方式「新ヒヤリハット報告」のすすめ』を参考にハタ コンサルタントが作成）

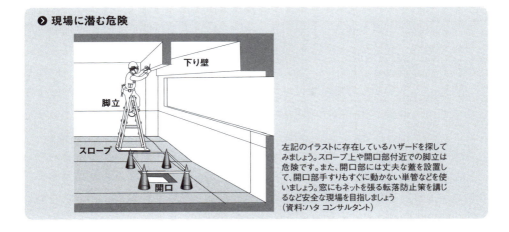

● 現場に潜む危険

左記のイラストに存在しているハザードを探してみましょう。スロープ上や開口部付近での脚立は危険です。また、開口部には丈夫な蓋を設置して、開口部手すりもすぐに動かない単管などを使いましょう。窓にもネットを張る転落防止策を講じるなど安全な現場を目指しましょう
（資料：ハタ コンサルタント）

絶対に押さえておくべき POINT

**潜在する事故リスクは目に見えない。
まずはリスクアセスメントでハザードを撲滅。**

Chapter7　現場の安全をどのように守るのか

section 3

安全書類で現場従事者を守る

　建設工事を実施するに当たっては、数多くの書類を作成・提出しなければなりません。特に安全管理に関する書類は「安全書類」と呼ばれ、現場で働く技術者や作業員の安全を守るための計画や対策、その実施状況などを記載しています。また、現場が安全衛生に関する法令や規定を遵守していることを証明する役割も果たしており、労働基準監督署などの行政機関から提出を求められることもあります。

　現場で準備・提出が必要な安全書類で、主なものを右ページの表に示しました。これらの大半は下請けなどの協力会社が準備しますが、元請けが準備すべきものもあります。

グリーンファイルは安全衛生管理の柱

　安全書類のうち、現場の安全衛生管理や管理責任の所在を明確にするために作成された書類を総称して「グリーンファイル」とも呼びます。グリーンファイルは、施工体制や作業内容、作業員の履歴や下請け企業の情報などを記載した書類群で、下請けが作成し、工事が始まる前に元請けに提出します。

　グリーンファイルの書類群は大きく2つに分けられ、安全確保に向けた「労務安全関係書類」と、現場の管理体制を示す「施工体制台帳関係書類」があります。前者に該当するのは、現場での安全・衛生に関する計画をまとめた「工事安全衛生計画書」や、現場で実施した安全関連のミーティングの履歴や内容を記録した「安全ミーティング報告書」、有害な物質が含まれる塗料や接着剤などを現場に持ち込んで使用する場合に申請する「有機溶剤・特定化学物質等持込使用届」などが挙げられます。

　一方、後者に分類される書類としては、現場の施工体制の詳細を記した「施工体制台帳」や下請けの詳細や役割を記した「下請負業者編成表」、現場で働く作業員の名前や職種、所属する企業名などを記載した「作業員名簿」などがあります。

現場で準備・提出が必要な主な安全書類の例

書類の名称	記載内容や目的など
施工体制台帳	作業員の配置や作業内容、職長、責任者など、現場の施工体制の詳細を記録した書類（建設業の許可、健康保険の加入状況、現場代理人名など）
施工体制台帳作成通知書	施工体制台帳の作成が必要であることを、元請けが下請けに対して通知する書類
施工体系図	現場での責任者の関係など、各下請負人の施工分担関係が分かるように作成した書類
下請負業者編成表	下請けの詳細や役割を記した表。各業者の作業内容や責任者などを記載
再下請通知書	下請け業者がさらに別の業者に工事を発注する際に元請け業者に報告する書類。委託する内容や条件などが記載されている
作業員名簿	現場で働く作業員の名簿。下請け企業別に作成し、名前や職種、所属する企業名などを記載している。労働災害が発生した際などに必要
新規入場時等教育実施報告書	現場に新規入場する作業員について、事前に実施した安全教育などを記録した書類
年少者就労報告書	18歳未満の年少者が現場で働く場合、就労状況などを報告するのに必要な書類
高齢者就労報告書	下請け企業が高齢者（一般に60歳程度）を現場で働かせる際、自社の責任で就労させることを報告する書類
持込機械等（移動式クレーン／車両建設機械等）使用届	建機（移動式クレーンや車両系建設機械など）を現場に持ち込んで使用する場合に提出する書類。車検証や保険証の写しを提出する場合もある
持込機械等（電気工具・電気溶接機等）使用届	機械や工具（電気工具や電気溶接機など）を現場に持ち込んで使用する場合に提出する書類
工事・通勤用車両届	現場で使用する工事用車両や作業員の通勤用車両を申請する書類
有機溶剤・特定化学物質等持込使用届	有機溶剤や特定化学物質（有害な物質が含まれる塗料や接着剤など）を現場に持ち込んで使用する際に申請する書類
火気使用願	現場で火気を使用する際に必要な許可申請書。火災防止対策なども記載する
外国人建設就労者等現場入場届出書	外国人作業員が建設現場に入場する際に必要な届出書
工事安全衛生計画書	工事現場での安全・衛生に関する計画をまとめた書類。作業で発生するリスクへの対策や、作業員への安全教育計画などを記載する
安全ミーティング報告書	現場で実施した安全関連のミーティングの履歴や内容を記録した書類

安全書類は通常、下請けなどの協力会社が作成し、元請けが内容を確認します。（資料：国土交通省中部地方整備局の「労務安全衛生に関する協力業者提出書類」を基にハタ コンサルタントが作成）

絶対に押さえておくべき POINT

安全書類は現場の安全管理の基本。正確に作成して確実に安全管理を遂行する。

Chapter7 　現場の安全をどのように守るのか

section 4

新規入場者教育は義務

　新しく工事現場に入場した作業者は、必ず「新規入場者教育」を受けます。入場して間もない作業者が現場の状況を知らないまま作業すると労働災害に遭うケースが多いため、それを防ぐための取り組みです。通常は入場当日の作業開始前（朝礼の前後など）に現場の状況やルールなどについて説明を受けます。

　この取り組みは、以下に示す労働安全衛生規則642条の3「特定元方事業者等に関する特別規制（周知のための資料の提供等）」に基づくものです。

> 建設業に属する事業を行う特定元方事業者は、その労働者及び関係請負人の労働者の作業が同一の場所において行われるときは、当該場所の状況（労働者に危険を生ずるおそれのある箇所の状況を含む。以下この条において同じ。）、当該場所において行われる作業相互の関係等に関し関係請負人がその労働者であって当該場所で新たに作業に従事することとなったものに対して周知を図ることに資するため、当該関係請負人に対し、当該周知を図るための場所の提供、当該周知を図るために使用する資料の提供等の措置を講じなければならない。ただし、当該特定元方事業者が、自ら当該関係請負人の労働者に当該場所の状況、作業相互の関係等を周知させるときは、この限りでない。

　この条文では、元方事業者（元請け）が関係請負人（下請けや専門工事会社）と同じ現場で作業を行う場合、元請けは下請けが行う新規入場者教育に協力しなくてはならないと定めています。例えば、新規入場者教育を行う場所や資料の提供などです。また、元請けは下請けが自社などで実施した新規入場者教育の実施状況についても、下請けから報告を受けるなどして把握しておかなければなりません。

新規入場者教育は労災防止の第一歩

　厚生労働省は、新規入場者教育でレクチャーすべき具体的な内容として以下の8項目を挙げています。

▽労働者が混在して作業を行う場所の状況
▽労働者に危険を生ずる箇所の状況
▽混在作業場所において行われる作業相互の関係
▽退避の方法（通路や階段の位置など）
▽指揮命令系統
▽担当する作業内容と労働災害防止対策
▽安全衛生に関する規定（安全ルール）
▽建設現場の安全衛生管理計画の内容（作業所長による安全方針など）

　元請けや下請け、専門工事会社は、新規に入場した作業者に対して上記の内容のレクチャーをしっかり行い、労働災害の発生防止に努めなければなりません。

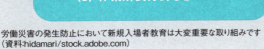

● 新規入場者教育で伝えるべきポイント

(1) 混在作業場所
(2) 現場の危険箇所
(3) 混在作業時の注意事項
(4) 通路や階段の位置
(5) 指揮命令系統
(6) 現場の安全対策
(7) 作業の安全ルール
(8) 作業所長方針など

労働災害の発生防止において新規入場者教育は大変重要な取り組みです
（資料:hidamari/stock.adobe.com）

**新規入場者は労災遭遇のリスクが高い。
初日の教育で現場の状況・ルールを教える。**

75

Chapter7 現場の安全をどのように守るのか

section 5

安全日報はトラブル時にも役立つ

　「安全日報」（または「安全日誌」）とは、現場監督が工事現場での日々の作業内容や作業員の人数・安全状況、指示事項の実施状況などを記録する書類です。主に、以下のような事項を記載します。

▽**事業者名**：作業を担当している企業などの名称。

▽**請負次数**：契約に基づく請負の次数などを記載。

▽**有資格者名（職長）**：作業を監督する有資格者（主に職長）の名前。

▽**有資格者の同意署名（職長）**：指示事項や安全管理に同意したことを示す署名（職長が署名するのが一般的）。

▽**工事担当者名（元請け責任者）**：元請けの現場責任者の名前。

▽**本日の作業内容**：当日の作業内容や作業項目。

▽**本日の安全衛生指示事項**：当日の作業で下請けに対して指示した安全衛生に関する事項や注意点。

▽**予定人員**：当日の作業で予定されている作業員数。

▽**実施人員**：実際にその日に作業を行った作業員数。

▽**当日の作業実施状況**：作業が計画どおりに進行しているか、問題が発生していないかなどの所見。

▽**是正内容**：作業中に発見された問題や安全上の課題に対して打ち出した対策や措置。

▽**統括安全衛生責任者（元方安全衛生管理者）の指示事項**：現場での安全衛生管理を担当する元請けの責任者が指示した事項。

▽**指示事項実施報告**：責任者が指示した安全衛生措置や対策が実施されたかどうかの報告。

トラブル解決の手がかりにも

　安全日報は、安衛法などで保存を義務付けられているわけではありません。しかし、多くの施工者は現場が終わってから数年間は保存しています。その

理由は、品質トラブル、近隣トラブルなどが発生し、それが裁判に発展したりお金の問題になったりした場合に、安全日報が役立つことがあるからです。安全日報には「いつ」「だれが」「なにを」「どのようにして」作業したかが記録されているので、解決の糸口になる可能性があるのです。

この他、労働災害が発生した場合は、労働基準監督署が災害発生当時の状況などを調査することがあります。安全日報の内容が調査対象になることも少なくありません。

● 安全日報の例

安全日報の例。現場監督が工事現場での日々の作業内容や作業員の人数・安全状況、指示事項などを記録します
（資料：ハタ コンサルタント）

絶対に押さえておくべきPOINT

**安全日報は日々の作業や安全管理を記録したもの。
責任者や有資格者、作業員などの情報も含まれる。**

Chapter7　現場の安全をどのように守るのか

section 6

施工体制台帳と施工体系図

　企業規模や元請けとしての施工実績など、建設業法に基づく一定の要件を満たした建設業を「特定建設業」と呼びます。特定建設業の会社が元請けとして受注した工事で下請け契約をする場合、公共工事の場合は全ての工事で、民間工事の場合は下請け契約の総額が大きい（建設工事に該当しない資材納入、調査業務、運搬業務、警備業務などに関わる各契約金額は、契約総額に含まれない）工事で、それぞれ施工体制台帳と施工体系図の作成が義務付けられています（Chapter8のsection6も参照）。

　施工体制台帳とは、建設工事において元請けが工事の施工体制全体を把握するために着工前に作成するものです。この台帳には、担当する建設工事の概要や元請けの建設業許可に関する情報、下請け会社に関する情報、配置技術者の氏名や保有資格の内容、専任・非専任の別、各種保険の加入状況、外国人就労者や実習生の有無などを記載します。

　施工体制台帳は工事で築く建築物や構造物を発注者に引き渡すまでの間、工事現場ごとに備え置く必要があります。そして、以下のような役割を持っています。

　▽品質・工程・安全など施工に関わるトラブル発生の防止
　▽一括下請けなどの建設業法違反や不良不適格業者の参入の防止
　▽生産性低下につながるような不必要な重層下請けの防止

　一方、施工体系図は、上述の施工体制台帳に基づいて作成します。各下請けの施工分担関係がひと目で分かるように図示したものです。

　記載する主な内容は、工事の名称、工期、発注者の名称、元請けや下請けの役割・関係、各企業がそれぞれ担当している作業の内容、関係者間の指示系統や報告系統などとなっています。さらに、工期中は工事現場内の関係者が見やすい場所に掲示しておくことが義務付けられています。なお、工期の途中で下請けに変更があった場合は、施工体系図も速やかに変更しなければなりません。

❷ 施工体制台帳の提出・閲覧・保存規定

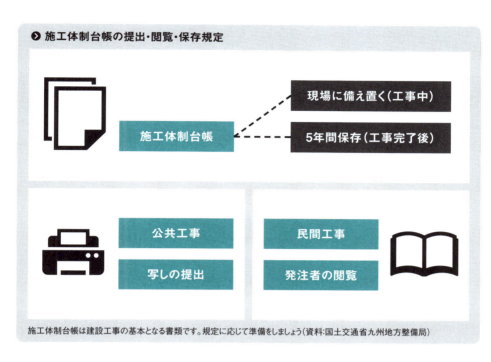

施工体制台帳は建設工事の基本となる書類です。規定に応じて準備をしましょう（資料：国土交通省九州地方整備局）

❷ 施工体系図の掲示規定

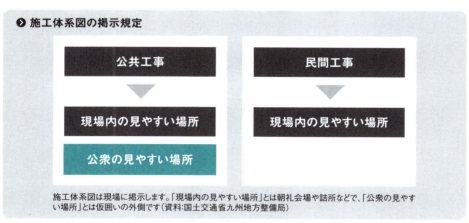

施工体系図は現場に掲示します。「現場内の見やすい場所」とは朝礼会場や詰所などで、「公衆の見やすい場所」とは仮囲いの外側です（資料：国土交通省九州地方整備局）

施工体制台帳は工事に関わる管理情報を集めた書類。
施工体系図は工事関係者の役割分担を図示したもの。

Chapter7 現場の安全をどのように守るのか

多様になる出面管理

　安全日報に記載する項目で「出面（でづら）」と呼ばれるものがあります。その日、現場に出て作業した職人の人数を指す言葉ですが、職人の出勤日数のことを意味する場合もあります。その出面を管理する代表的な方法は5つあります。
　▽安全日報による日々の出面管理（申告制）
　▽通用口に顔認証や静脈認証を設けて電子管理
　▽点呼を取り、必要人数が揃っているかを確認
　▽請負契約の場合、契約期間内に仕事が遂行されたかを確かめることで十分な数の職人が投入されているかを確認
　▽常用作業において、所定の作業を時間内に完了したかを確認することで必要な数の職人が作業をしているかを確認
　最近の現場では、上記にも示した機械を用いた記録方法が主流になりつつあります。ただ、その場合は設備コストがかかるため、発注者の協力が必要不可欠です。

出面管理で品質管理

　建設工事の現場が出面管理をする理由は主に以下の5つです。
　1つ目は、安全管理。出面の管理者は現場の安全確保に努める義務がありますが、それが適切に行われていることを示すのが「無災害記録」です。作業員の人数や労働日数を把握したうえで、現場での「労働災害ゼロ」がどれくらい継続されているかを記録し、出面の管理者が元請けの場合はその本社・本店や支社・支店などに、出面の管理者が下請けの場合は元請けに、それぞれ報告します。こうした地道な取り組みが、作業員の事故やけがを防ぎ、安全を守ることにつながるのです。
　2つ目は品質管理です。出面管理によって、作業員の数が十分か、適切な資格を持つ作業員が現場に配置されているかなどを把握することができます。

十分な出面がそろわないと、品質に影響が出かねません。

3つ目はスケジュール管理です。出面管理によって作業員が工程表どおりに作業を進めているかをチェックすることで、作業全体の進捗も把握できます。進捗の遅れが出ているときなどは調整が必要になります。

4つ目はコミュニケーションです。出面管理によって現場の状況が把握できることで、施工者や設計者、職人、その他の関係者の連携が強化されます。また出面管理が起点となり、関係者が相互に連絡を取り合う円滑なコミュニケーションが促されます。

最後の5つ目は法的要件を遵守するためです。建設プロジェクトは法令や規則に従って進める必要があります。出面管理によって、作業員の労働条件や作業状況を適切に記録・管理することができます。結果として、適切な労働環境を確保し、安全基準を遵守する現場の実現につながるのです。

● 出面管理の実施機会となる朝礼

出面管理は朝礼時に行うケースも多いです。正しい出面を毎日記録していきましょう（資料:eugenedev/stock.adobe.com）

絶対に押さえておくべきPOINT

出面管理には多様な方法がある。
安全や品質の確保、工程の遵守につながる。

Chapter7 現場の安全をどのように守るのか

section 8

専門作業を担う有資格者

　建設業において有資格者は、特殊な仕事や専門技術を要する仕事を担える重要な人材といえます。そしてそもそも、建設業を営むための「建設業許可」を取得するためには、一定の資格を持った技術者が必要になります。なぜなら、有資格者の存在は、その企業が建設事業を担っていくうえで必要となる技術力や管理能力を持っている証となるからです。

　建設業は複数の業種に分かれており、許可を申請する業種によって必要となる有資格者が異なります。業種によって求められる有資格者は、以下のようなものがあります。

▽**土木施工管理技士**：土木一式、舗装などの業種の許可要件。土木工事の監督や管理を行う専門家である。土木工事の施工や安全管理に精通している。

▽**建築施工管理技士**：建築一式、大工、左官、屋根などの業種の許可要件。建築工事の監督や管理を担当する。建物の施工や品質管理を担うための資格。

▽**建築士**：建築一式の建設業許可や建築設計事務所の開設時の要件として必要。建物の設計や施工に関する専門家。建築プロジェクトの計画から完成までをサポートする。

▽**建設機械施工管理技士**：土木一式、舗装などの業種の許可要件。建設機械の操作やメンテナンスの専門家。重機やクレーンの運転や管理などを担当する。

▽**技能士**：大工、左官などの区分に応じた業種の許可要件。特定の技能分野で実務経験を持つ人々。

▽**地すべり防止工事士**：とび・土工・コンクリート、さく井などの業種の許可要件。地すべりの基本を熟知し、適切な計画や経済的な調査を遂行でき、設計図書と現地を見比べて地すべりのリスクを再検討できる。道路改良工事では、地すべりという観点で重大事故を未然に防ぐ。

その他、業務の内容によっては、技能講習や特別教育を修了した有資格者を現場に配置しなければならないケースも多くあります。例えば技能講習などで取得できる資格には以下の表に示すようなものがあります。

● 業務の内容で必須になる有資格者の例

作業主任者および作業者	業務内容	資格（教育）要件
クレーン・デリック運転者	つり上げ荷重が5t以上のクレーン・デリックの運転	免許（クレーン・デリック運転士、クレーンのみ運転できる限定免許）
	つり上げ荷重が5t以上の床上で運転し、かつ、運転者が荷の移動とともに移動する方式	免許（クレーン・デリック運転士）または技能講習修了者
	(1) つり上げ荷重が5t未満のクレーン・デリックの運転 (2) つり上げ荷重が5t以上の跨線テルハの運転	免許（クレーン・デリック運転士） 技能講習修了者 特別教育修了者
玉掛け作業者	制限荷重が1t以上の揚貨装置またはつり上げ荷重が1t以上のクレーン、移動式クレーンまたはデリックの玉掛け	技能講習修了者
	制限荷重が1t未満の揚貨装置またはつり上げ荷重が1t未満のクレーン、移動式クレーンまたはデリックの玉掛け	特別教育修了者
車両系建設機械（整地・運搬・積込み・掘削用）運転者	機体重量3t以上のもの／動力を用い、かつ、不特定の場所に自走できるものの運転の業務。ただし、道路上の走行を除く	技能講習修了者
	機体重量3t未満のもの／動力を用い、かつ、不特定の場所に自走できるものの運転の業務。ただし、道路上の走行を除く	特別教育修了者
高所作業車運転者	作業床の高さが10m以上の運転の業務（道路上の走行運転を除く）	技能講習修了者
	作業床の高さが10m未満の運転の業務（道路上の走行運転を除く）	特別教育修了者
フォークリフト運転者	最大荷重が1t以上のフォークリフトの運転業務（道路上の走行運転を除く）	技能講習修了者
	最大荷重が1t未満のフォークリフトの運転業務（道路上の走行運転を除く）	特別教育修了者
足場の組立て等作業主任者	つり足場、張出し足場または高さが5m以上の構造の足場の組み立て、解体または変更の作業	技能講習修了者
足場の組立て等作業	足場の組み立て、解体または変更の作業にかかる業務	特別教育修了者

（資料：厚生労働省「労働安全衛生法に定める資格等一覧」に基づいて作成）

絶対に押さえておくべきPOINT

建設業の業種に応じて必要な資格者が異なる。
特殊な業務は資格を持つ技術者・技能者が必須。

Chapter7　現場の安全をどのように守るのか

社会保険加入は建設業許可の要件

section 9

　2020年に施行された改正建設業法で、建設業許可を取得する要件として、社会保険への加入が新たに追加されました。建設業許可の新規申請および更新申請の際、社会保険への加入がなければ申請が受理されなくなったのです。加入が義務化された社会保険には以下の種類があります。

▽**健康保険（社会保険）**：法人または5人以上の従業員を使用する個人事業主に加入義務。それ以外は個人で国民健康保険に加入。

▽**厚生年金保険**：法人または5人以上の従業員を使用する個人事業主に加入義務。それ以外は個人で国民年金保険に加入。

▽**雇用保険**：常時、労働者が1人以上いる事業者で、その労働者が「31日以上継続して雇用される見込みがある場合」か、または「1週間の所定労働時間が20時間以上である場合」のどちらかの条件に該当する場合に加入義務が発生。

未加入の場合は罰則も

　これらの社会保険に加入する義務があるにもかかわらず未加入の事業者には罰則が科せられます。例えば、「悪質な保険料逃れ」と判断されると、6カ月以下の懲役または50万円以下の罰金に処せられます。

　元請けは、初めて現場に入場する作業者に新規入場者教育を行った際、社会保険の加入状況を書類で確認しなければなりません。もし未加入だった場合は、その作業者の所属企業が、建設業許可を取得していない可能性もあるので注意が必要です。

　また、公共工事の場合は施工体制台帳の写しを発注者へ提出する義務があります。施工体制台帳の内容を確認すると社会保険への加入状況が分かります。その結果、未加入だと判明すると、発注者は元請けの事業者にペナルティを科します。違約罰や指名停止、工事成績評点の減点です。民間工事の場合でも施工体制台帳を閲覧すると分かります。

● 社会保険に未加入だった場合のペナルティ

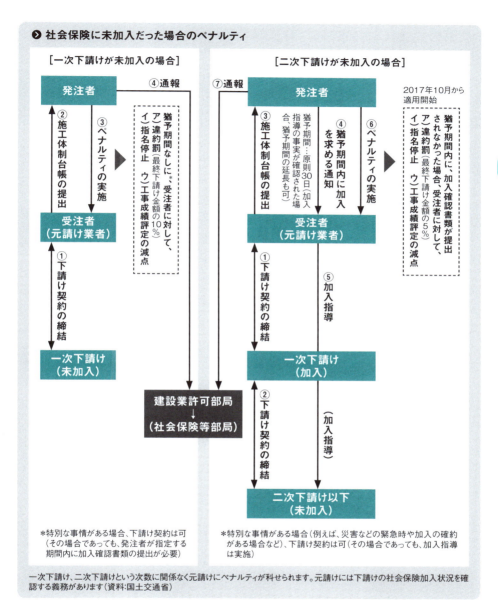

一次下請け、二次下請けという次数に関係なく元請けにペナルティが科せられます。元請けには下請けの社会保険加入状況を確認する義務があります（資料：国土交通省）

社会保険への未加入はトラブルの要因に。
新規入場者教育で社会保険の加入状況を必ず確認。

Chapter7 現場の安全をどのように守るのか

section 10

作業者の適正配置

　工事を計画どおりに遂行するために、作業の特性を踏まえ、その作業に必要な資格や能力を持った作業者を割り当てることを「適正配置」といいます。元請けとして、その作業にふさわしくない、つまり、適正ではない作業員を配置してはいけません。ただし、配置するかしないかの判断は、あくまで作業員の能力や資格などに基づいて行います。年齢による配置の規定はないので、高齢というだけで不適正とみなしてはいけません。

　適正か否かの判断材料は主として資格や能力ですが、作業によっては、以下のような健康面、性別・年齢などが配置条件になることもあります。

▽**血圧**：健康診断によって高血圧（最高160mmHg以上、最低90mmHg以上）や低血圧（最高100mmHg以下、最低60mmHg以下）が判明している作業員は安全衛生上、身体に負荷のかからない作業に配置する。

▽**女性や年少者**：満18歳以上の女性や満18歳未満の男女年少者には法令上の特別な配慮を求める。労働災害防止と労働福祉の観点から、重量物を取り扱うような、一定の危険有害業務への就業を制限する。

危険を伴う作業は性別や年齢で制限あり

　女性や年少者が作業に従事することを制限する例として、以下のようなものが挙げられます。

▽運転中の機械の掃除、検査、修理など

▽クレーンやデリック、揚貨装置の運転業務

▽最大積載荷重が2 t以上の人荷共用および荷物用のエレベーター、高さが15m以上のコンクリート用エレベーターの運転業務

▽クレーンやデリック、揚貨装置などによる玉掛けの業務（2人以上の作業者によって行う業務の場合）

▽土砂が崩壊する恐れのある場所や深さが5m以上の地穴における業務

▽高さが5m以上の場所で、墜落により労働者が危害を受ける恐れのある場

所での業務
▽足場の組み立て、解体や変更の業務（地上または床上での補助作業を除く）
▽18歳以下でも免許取得可能なフォークリフトは、免許があれば運転可。しかし、積み上げ・積み下ろしなどの作業は禁止

　このように、適正配置を実践するには、まずは健康状態や性別、年齢などによる条件に該当するかどうかをはっきりさせる必要があります。

● 重量物を扱う業務への従事を制限している例

年齢・性別	分断作業の場合	継続作業の場合
満16歳未満　女性	12kg以上	8kg以上
満16歳未満　男性	15kg以上	10kg以上
満16歳以上満18歳未満　女性	25kg以上	15kg以上
満16歳以上満18歳未満　男性	30kg以上	20kg以上
満18歳以上　女性	30kg以上	20kg以上

18歳以上の全ての女性に作業制限があります。近年は女性の作業員も増えていますので、どのような作業をしているか注意して把握しましょう（資料:厚生労働省「女性労働基準規則」「年少者労働基準規則」より抜粋）

絶対に押さえておくべき POINT
作業員の配置では資格や能力以外の規定がある。
女性や年少者の作業には制限があるので注意する。

Chapter7 現場の安全をどのように守るのか

section 11

一人親方とは

　建設現場で事務スタッフとして働いていると「一人親方」という言葉を耳にすることがあるでしょう。この一人親方とは、労働者を雇用せず、個人や個人とその家族だけで建設業を営んでいる業態を指します。建設業界では珍しくありませんが、メリットとデメリットがあります。

　まず、メリットとして以下のような点が挙げられます。

▽**働き方が自由**：基本的に自分のペースで仕事を進めることができる。作業する時間帯や休日の設定などにある程度の自由が利くのは、企業に所属する職人に比べて魅力となる。

▽**報酬が本人に直接支払われ、単価も直接交渉できる**：発注者や元請けから直接、報酬が支払われる。また、自分の技術や経験を基に、彼らと直接、報酬額の交渉ができる。

▽**仕事を選べる**：提示された仕事を受けるか否か、自分で選べる。

▽**定年が無い**：就業規定がないので、年齢に関係なく可能な限り働くことができる。

▽**上司や部下がいない**：上司や部下がいないので、管理業務や人間関係によるストレスが少なくなる。

▽**従業員がいない**：従業員に関する手続きや管理、社会保険の加入や給与の支払いといった負担がない。雇用管理に関する法的義務や業務も少なく、経営面での負担が軽減される。

　一方で、以下のようなデメリットもあります。

▽**収入が安定しない**：働いた時間やこなした案件数で給料が決まる。このように収入は出来高制なので安定した給与が保証されない。

▽**個人で確定申告**：自分自身で確定申告を行う必要があり、税金や経費の計算、提出書類の作成などに手間暇がかかる。

▽**社会保険加入は事業主として登録する**：自分で社会保険に加入する必要があり、その管理も自分でしなければならない。

▽**ローンの審査が厳しくなる**：収入が安定しないため、住宅や自動車の購入時などにローンを組むのが難しくなることがある。金融機関による審査が通りにくくなる。

▽**大手と直接契約しにくい**：大手企業は安定した取り引きを求める傾向がある。取引先が個人事業主である一人親方の場合は、信頼性や安定性、法的リスクの管理などの理由から、直接契約が難しくなる。

一人親方を隠れ蓑にした不正も

　事実上、建設会社の従業員として仕事をしているにもかかわらず、その会社には一人親方として登録されているため、従業員としてのメリットを得られない、「偽装一人親方問題」と呼ばれる事案が起こっています。

　例えば、ある建設会社に一人親方として登録されている職人が、資材費などは会社が負担する案件を請け負い、会社からの指示・命令に従って仕事をしたとします。こうした場合、職人は実質的に会社に雇用されている状態になるので、正規の従業員と同様、会社が職人を社会保険に加入させ、保険料を支払わなければなりません。

　それにもかかわらず、会社は職人の「一人親方」という立場を隠れ蓑にして社会保険料を自己負担させる（もともと未加入であれば、そのまま放置する）――といった手口です。

　現在、一人親方として働く職人は、業務災害や通勤災害に備える労災保険への「特別加入」が義務付けられています。しかし、そうしたルールを知らず、未加入の一人親方が多いのも事実です。未加入の一人親方は、現場で働くことを元請けに断られる場合もありますし、元請けと契約できたとしても、一人親方の保険未加入が発覚すれば、元請けがペナルティを科せられる場合もあります。

絶対に押さえておくべきPOINT
一人親方は自由なスタイルで働ける、いわば個人事業主。社会保険の加入に関しては課題もあり。

Chapter7 現場の安全をどのように守るのか

section 12

道路使用許可と道路占用許可

　道路に関する法律のうち、特に道路法や道路交通法、道路運送法には、道路工事を実施するうえで配慮すべき規定が数多くあります。

　これらの法律では、自動車道（道路運送法に基づく自動車専用道路）や、歩道・自転車道といった一般的な交通路として利用される場所、一般道や国道、都道府県道、市町村道といった公共の交通路として利用される道路全般を「道路」と定義しています。

　「道路」とみなされた場所で工事を行う場合は、上記の法律などに基づき、「道路使用許可」や「道路占用許可」を管轄の警察署や道路の管理者（所管する機関や自治体など）に申請し、許可を得なければなりません。前者は交通の安全に関する申請で、後者は道路空間を継続的に利用する場合の申請です。

　道路使用許可を例に、申請の流れを見ておきましょう。

　まず準備。申請は主として元請けや下請けの協力会社が行いますが、申請に必要な書類は、「道路使用許可申請書」「作業場所や作業方法、安全対策などを説明した図」「使用する重機について説明した資料（カタログなど。必要があれば）」「警察署から指示があった書類」の4つです。各書類は2部ずつ用意します（1部は警察用、1部は申請者控え）。申請費用は都道府県によって異なりますが、例えば東京都では、1回の申請で2700円程度かかります。

　準備が整ったら申請です。申請のタイミングは着工前。遅くとも作業が始まる2週間前には済ませておきましょう。現場がある地域を管轄する警察署長宛に行います。申請内容を更新（期間延長）したり変更したりする場合はオンライン申請も可能です。許可が下りるまでには、申請から7〜10日程度かかります。

　なお、許可申請では相手の心証を害さないように、以下のように心掛けるとよいでしょう。

　　▽許可申請を行う前に、当該警察署に挨拶や相談をしておく。また、担当者の名前は必ず覚えておく

▽申請は手続きの性格上、できるだけ窓口で、直接説明した方がよい
▽交渉の際は、必要以上に反論することは避けた方が望ましい
▽提出書類などに不備がないようにする
▽申請の提出期限や許可された作業時間などは厳守
▽申請書の書き方に独自のルールを設ける警察署もあるので、事前に調べておく
▽議事録を必ず残す

許可があっても同時に複数箇所の作業はNG

　許可の内容についても押さえておきましょう。有効期間は許可する警察署によって異なりますが、道路工事で最長6カ月以内、路上での軽作業などは最長15日以内とするケースが多いようです。また、1日当たりの作業時間は原則8時間以内で、それを超える場合は追加申請が必要です。ただし、複数日連続して8時間を超えるような申請は許可が下りない場合もあります。

　許可を受けたうえで作業を行う際には以下のような注意事項が伴います。
▽同一道路で同時に2カ所以上、作業することはできない。やむを得ない場合は、まず警察署へ申告して許可を得る必要がある
▽道路の保護に心掛け、傷がつく恐れがある作業をする場合は道路管理者の許可を得る必要がある
▽実施する作業ごとに許可が必要。例えば、コンクリート打設と搬入作業がある場合は、それぞれの道路使用許可を得なければならない
▽工事を快く思わず、何か理由を付けて通報しようと考えている人がいる場合もあるので、工期中はマナーや態度に気をつける
▽作業中に警察から許可番号や申請内容を聞かれた場合に備えて、警備員には許可証のコピーを持たせておく。申請者控えそのものは事務所などで保管する

絶対に押さえておくべきPOINT
道路上で工事を行うには道路使用許可が必要。
申請先の心証への配慮も円滑な進捗に不可欠。

Chapter7　現場の安全をどのように守るのか

section 13

災害防止協議会は最低月1回

　「災害防止協議会」（または「安全衛生協議会」）とは、現場での労働災害を防ぐために関係者間で話し合う場のこと。労働安全衛生法や厚生労働省の省令である労働安全衛生規則で、設置や定期的な開催が義務付けられています。元請けが下請けなどに対して安全指示事項を伝えることを主な目的としています。

　災害防止協議会に関係する労働安全衛生法30条を確認しておきましょう。条文では「元請けは、その労働者および下請けや専門工事会社の労働者の作業が同一の場所において行われることによって生ずる労働災害を防止するため、次の事項に関する必要な措置を講じなければならない」といった趣旨を示しています。「次の事項」とは、以下の6項目です。

▽安全衛生に関する協議組織を設置し、運営を行う
▽現場内で実施する作業の各担当者間で連絡・調整を行う
▽作業場所を定期的に巡視する
▽下請けや専門工事会社が労働者に対して行う安全・衛生に関する教育について、元請けが指導や援助を行う
▽元請けは、仕事の工程に関する計画、作業場所における機械や設備などの配置に関する計画を作成する。また、その機械や設備などを使用する作業に関して、下請けや専門工事会社が安衛法などに基づく規定に従って講じる措置の指導を行う
▽上記に掲げるものの他、労働災害防止に必要な対策を実施する

協議会は月に1回以上開催

　一方、労働安全衛生規則の635条では、災害防止協議会の設置・運営に関して、以下のように定めています。

▽協議組織（災害防止協議会や安全衛生協議会）を設置・運営する際、元請けは以下の規定に従う

①元請けおよび全ての下請け・専門工事会社が参加する協議組織を設置しなければならない
　②協議組織を定期的に開催しなければならない
▽下請けや専門工事会社は、前項の規定に則って元請けが設置した協議組織に参加しなければならない

　さらに、上記に関連して、「元方事業者による建設現場安全管理指針について」には、「協議組織の活性化」を目的として、以下のような規定が記されています。

▽協議組織の会議を毎月１回以上、開催する
▽次月に現場で作業を予定している下請けや専門工事会社は全て協議組織の構成員の対象とする
▽協議組織の会議で取り上げる議題には次のようなものがある。全部で17項目あり、その中から重要な６項目は以下のとおり
　　建設現場の安全衛生管理の基本方針、目標、その他基本的な労働災害防止対策を定めた計画／月間または週間の工程計画／機械設備などの配置計画／安全衛生教育の実施計画／労働災害の原因および再発防止対策／元請けの巡視結果に基づく労働者の危険の防止または健康障害の防止に関する事項
▽元請けは協議組織の概要や会議の開催頻度を定めた規約を作成
▽元請けは協議組織の会議の議事で重要なものに係る記録を作成し、これを下請けや専門工事会社に配布
▽元請けは協議組織の会議で決まった重要事項を、朝礼などを通じて全ての現場労働者に周知

　現場を支援する事務スタッフの皆さんも、災害防止協議会の資料作成などで協力を求められる可能性があります。会合の概要や目的は理解しておきましょう。

絶対に押さえておくべきPOINT
災害防止協議会は現場安全の礎。
定期的な実施と検討結果の周知を徹底する。

Chapter7　現場の安全をどのように守るのか

section 14

現場で見かける工事看板の意味

　建築の現場でよく見かける工事看板は「建築確認表示板」と呼ばれ、建築基準法によって工期中の設置が義務付けられています。この表示板は、建築基準法に基づく建築確認が適切に行われたことを示し、工事の合法性を対外的に証明するものです。この表示があることで、近隣住民や通行者に責任の所在を明確にすることができ、また、信頼感、安心感を与えることもできます。

　建築確認表示板は、新築工事や増改築、大規模修繕工事、特殊建築物への用途変更など、幅広い建築工事で設置が必要になります。着工前に準備しておき、着工から完成までの間、設置するのが一般的です。工事看板の設置義務に違反すると、最高で50万円の罰金が科せられる可能性があります。工事責任者は早めに設置を準備し、違法な状態を防ぐよう心掛けましょう。

　現場を支援する事務スタッフは、技術者からこうした掲示板類の制作や設置を任されることも少なくありません。法令で建築確認表示板がどのように規定されているか、押さえておくことも重要です。

建設業許可や労災保険関連の掲示も必須

　建築確認表示板について規定されているのは、建築基準法の89条や建築基準法施行規則の11条などです。例えば、建築確認表示板を上述した種類の工事で掲示しなければならないことや、その表示様式が規定されています。表示板には建築主（発注者）や設計者、工事の施工者、現場管理者の氏名、承認された建築確認についての情報などを明記します。

　工事看板には建築確認表示板の他に、「建設業の許可票」や「労災保険関係成立票」などがあります。これらは土木工事の現場でも掲示しなければなりません。

　建設業の許可票は、元請けが国土交通省から建設業許可を受けていることを示すもので、掲示の仕方や許可票に記載する内容などについても多様な規定があります。

労災保険関係成立票は、当該工事が労働災害補償保険に加入していることを証明するための標識で、現場の見やすい場所に掲げなければなりません。

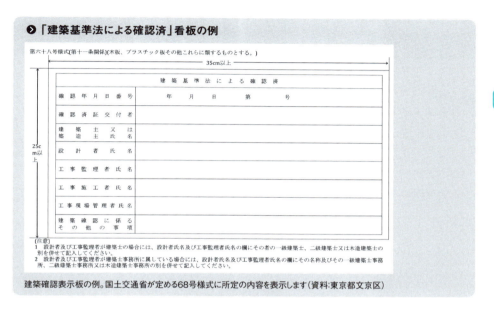

建築確認表示板の例。国土交通省が定める68号様式に所定の内容を表示します（資料：東京都文京区）

票には「商号または名称」「代表者の氏名」「主任技術者または監理技術者の氏名」「許可年月日」「許可番号および許可を受けた建設業」などを記入します
（資料：国土交通省九州地方整備局）

現場内の視認しやすい場所に掲示し、労働者に周知させなければなりません（資料：横浜市）

工事看板は近隣住民や通行者に責任の所在を伝える。信頼感や安心感を構築するツールにもなる。

Chapter7 現場の安全をどのように守るのか

section 15

仮囲いにもルールあり

　工事現場の周囲を一時的に囲う仮設の壁を「仮囲い」と呼びます。仮囲いを整備する最大の目的は、近隣住民や歩行者の安全確保。資材や工具などが落下して歩行者や近隣住民に接触する、廃材が強風で敷地外に飛ばされる、といった事故発生のリスクを軽減します。また、工事で発生する騒音を抑える防音効果や、資材や重機の盗難、部外者の現場への無断侵入などを防ぐ防犯効果も期待できます。

　その他、仮囲いは工事に関する情報の掲示スペースとして、また、企業のイメージアップのための場としても活用されています。例えば、近隣の小学校の児童が描いた絵を掲示するスペースとして利用してもらい、ポジティブな印象を与えるといった具合です。

　仮囲いはどのような現場で必要になるのでしょうか。また、その仕様にどのような規定があるのでしょうか。現場をサポートする事務スタッフも関連した業務を担う可能性があるので、よく理解しておきましょう。

　仮囲いの設置についての規定は、建築基準法施行令136条の2の20にあります。仮囲いを設けなければいけないのは、原則として、現場で築造する建築物が以下の2つに該当するケースです。

▽建築物が木造建築であれば、建築物の高さが13mを超えるか、または軒の高さが9mを超える場合
▽建築物が木造建築でない場合は、建物の階数が2以上

　また、同施行令には、仮囲いの仕様に関して次のような内容で規定しています。「工事期間中において、工事現場の周囲に、地盤面（工事現場内の地盤面が周囲の地盤面より低い場合は周囲の地盤面）からの高さが1.8m以上の仮囲い（板塀やそれに類するもので構成）を設けなければならない」。

仮囲いに貼り出される掲示物

　本項の前半でも述べましたが、建設現場の仮囲いは、法的要件や安全、広告

などの目的でいろいろな看板類を掲示する場にもなります。代表的な掲示物を確認しておきましょう。

- ▽**建設業の許可票**：元請けが国土交通省などから建設業許可を受けていることを示すもの。
- ▽**建築基準法による確認済（建築確認表示板）**：仮囲い内で行われている工事が建築確認を済ませていることを示し、工事の合法性を対外的に証明するもの。
- ▽**労災保険関係成立票**：仮囲い内で行われている工事が労働災害補償保険に加入していることを証明するための標識。
- ▽**建築計画のお知らせ**：建設する建物の概要（用途・構造・規模など）や工事の開始・終了予定日などを示す。
- ▽**建設業退職金共済制度適用事業主の現場標識**：元請けが退職金共済制度（建退共）に加入済みで、制度が適用される現場であることを示す標識。
- ▽**建設リサイクル法への対応**：建設リサイクル法に基づき、解体などで発生した廃棄物を適切に処理していることを示す掲示物。現場が東京都内の場合は掲示が必須。
- ▽**下水道一時使用**：現場で下水道を一時的に使用する際、許可を受けている旨を示す掲示物。現場が東京都内の場合に掲示が必須。
- ▽**近隣用工程表**：工事の進行状況や予定工程を示す表。近隣住民に対して事前に周知するためのもの。
- ▽**施工体系図**：元請けや下請けなど、工事を担う施工業者の関係を示した図。公共工事の場合に掲示が必須。
- ▽**CCUS登録**：CCUS（建設キャリアアップシステム）の登録番号を示す掲示物。

**仮囲いは事故リスク回避に欠かせない砦。
掲示やPRを行うコミュニケーションツールも兼ねる。**

Chapter7 現場の安全をどのように守るのか

section 16

建設業退職金共済制度とは

　「建設業退職金共済制度」(建退共)は、建設業界で働く労働者(主に職人)を対象に、中小企業退職金共済法に基づいて国が創設した退職金制度です。
　建退共に加入している建設業の事業主が掛け金を積み上げる仕組みで、その事業主の現場で職人や作業員が働くと、現役を退く際、それまでに働いた日数分の退職金を受け取ることができます。事業主側が掛け金を拠出するので労働者の負担はゼロ。国の制度なので破綻などのリスクがなく、労働者の所属企業や雇用形態が変わっても、事業主が同制度に加入していれば、積み立ては継続されます。また、建退共への加入は経営事項審査の加点対象になるので、建設業の事業主にとってのメリットもあります。
　建退共は、建設現場で働く労働者の福祉の増進と雇用の安定を図り、建設業の振興と発展につなげることを狙いとして1964年に創設されました。加入対象となるのは、建設業許可の有無にかかわらず建設業を営むすべての事業主で、契約を締結して加入した事業主(企業や組合)を「共済契約者」と呼んでいます。一方、その共済契約者の下で働き、共済契約の保障対象となる労働者を「被共済者」と呼びます。ただし、以下のような人は被共済者にはなれません。

▽事業主や役員報酬を受けている人、本社などの事務専用社員
▽既に建設業退職金共済制度の被共済者となっている人
▽中小企業退職金共済や清酒製造業退職金共済、林業退職金共済の各制度の被共済者となっている人(建退共への切り替えは可能)

公共工事は掛け金が工費に含まれる

　公共工事の場合、建退共の掛け金は工事費に含まれています。つまり、工事の発注者である国や自治体などの公共団体が、掛け金を含んだ代金を元請けに支払っているのです。そして、元請けが下請けに掛け金の相当額を支払うなどして、労働者の掛け金が積み立てられることになります。

他方、民間工事では大半の場合、工事費に掛け金は含まれません。公共工事のように発注者が負担することがなく、元請けなどの事業主が負担しなければならないので、民間工事の多い建築工事では、事業主の建退共加入が遅れている実情があります。

　しかし近年は、大手元請けが中心となり、建退共への加入とそれに伴う掛け金の負担を加速させる動きが強まっています。建退協に加入済みの現場には標識が掲示されており、元請け側が退職金の掛け金を負担していることを示しています。ただし、掛け金の負担は、職人がCCUS（建設キャリアアップシステム）に加入していることが条件になっている現場もあります。

▶ 建退共加入済みの標識の例

建退共・CCUS適用民間工事

建設キャリアアップシステム（CCUS）の就業履歴に応じて、元請が将来の退職金のための建退共掛金を支払います。

工事名
発注者名
事業所名
契約者番号

労働者の方へ
　雇用主が建退共に加入している場合、退職金制度の適用を受けられますので雇用主に確認しましょう。
　CCUSカードタッチを忘れずにしましょう。
事業主の方へ
　退職金制度の適用を受けられますので、建退共に未加入の下請事業主は加入しましょう。
　退職金共済手帳の更新手続きを忘れずに行いましょう。
　建退共と建設キャリアアップシステムにどちらも加入すると、事務処理の合理化が図れます。

独立行政法人　勤労者退職金共済機構
建退共 事業本部
〒170-8055　東京都豊島区東池袋1-24-1
ニッセイ池袋ビル20階　☎03(6731)2831

一般財団法人
建設業振興基金
建設キャリアアップシステム事業本部
〒105-0001　東京都港区虎ノ門4-2-12
お問い合わせセンター　☎03(6386)3725

民間工事でCCUSを活用し、下請けに雇用される被共済者分の掛け金を元請けが納付している現場であることを証明する標識（資料：建設業退職金共済事業本部）

絶対に押さえておくべきPOINT

建退共は職人のための退職金積み立て制度。
自己負担なしの仕組みで労働者の待遇を改善する。

Chapter7　現場の安全をどのように守るのか

section 17

普及が進むCCUS

　建設業界は人手不足が深刻です。特に職人（技能者）は高齢化と後継者不足が年々進み、工事の品質や生産性への影響が懸念されています。こうした状況を解消するためには、業界の魅力を高めて若年層の入職を進めていかなければなりません。

　そこで業界では、技能者のスキルや経験を客観的に評価し、適切な処遇改善につなげる制度、「建設キャリアアップシステム（CCUS：Construction Career Up System）」を構築。2019年4月から運用を始めました。建設現場の事務スタッフは、この名前を耳にする機会が多いと考えられるので、概要を理解しておきましょう。

　この制度は、職人の保有資格や社会保険の加入状況、現場の就業履歴などを業界横断的に登録・蓄積し、その情報を活用していこうという仕組みです。これによって、技能者の能力や経験などに応じた適正な処遇改善、職人を雇用・育成する企業が発展できる業界環境などを実現。若い世代が魅力を感じ、安心して働き続けられる業界を目指します。

登録者数は目標の半分ほど

　日本建設業連合会や全国建設業協会といった業界団体は国と連携し、官民一体でCCUSの普及を推進しています。

　CCUSの仕組みについて簡単に説明しましょう。まずは登録です。技能者は、登録申請時に本人情報や所属事業者名、職種、社会保険や建退共の加入状況、保有資格、健康診断受診歴、研修受講履歴などを登録し、専用カードの交付を受けます。

　次に履歴蓄積です。元請けや下請けはあらかじめ事業者IDを取得しておき、現場開設時にCCUSへ登録します。さらに、工事が決まったら現場名や工事内容、施工体制などを登録。現場にカードリーダーや顔認証デバイスなどの設置も行います。登録済みの技能者は、就業先の現場が決まったら工事情報

をシステムに登録。現場の入退場時にはカードをカードリーダーに読み込ませて就業履歴を蓄積していきます。

そして活用です。システムに蓄積された技能者の経験や資格を踏まえ、各技能者の技能レベルの評価を4段階で行います。さらに、そのレベルに応じた賃金支払いを実現、処遇改善につなげていきます。

CCUSは運用開始当初、5年間で全技能者（300万人）が登録を済ませることを目標にしていました。しかし、2024年6月時点の登録状況によれば、登録済みの技能者は約144万人でした。全技能者の登録に向けて、さらなる施策が必要でしょう。

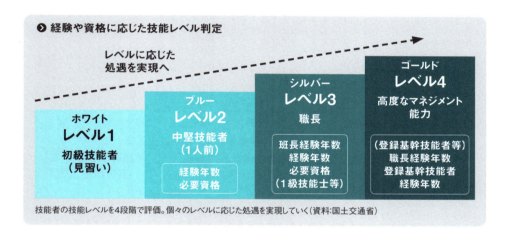

技能者の技能レベルを4段階で評価。個々のレベルに応じた処遇を実現していく（資料：国土交通省）

建設キャリアアップシステムに登録すると得られるカードの見本（資料：建設業振興基金）

絶対に押さえておくべき POINT

CCUSは個々の技能者のキャリアを見える化する。
技能レベルに合った処遇を実現する切り札。

Chapter 8 建設業法は何を定めているのか

section 1

建設業法の目的と概要

　建設業法とは、建設業を営む事業者の資質向上や工事請負契約の適正化などを図るためのルールを定めた法律です。目的は公共福祉の増進で、これは社会全体の利益を高めることと言い換えることができます。現場の業務はこの法律に関わることも多いので、現場を支援する事務スタッフの皆さんも概要を知っておく必要があります。

(1) 業種

　建設業法で規定されている建設業の業種は次の29種類です。

> 土木一式工事、建築一式工事、大工工事、左官工事、とび・土工・コンクリート工事、石工事、屋根工事、電気工事、管工事、タイル・れんが・ブロック工事、鋼構造物工事、鉄筋工事、舗装工事、しゅんせつ工事、板金工事、ガラス工事、塗装工事、防水工事、内装仕上工事、機械器具設置工事、熱絶縁工事、電気通信工事、造園工事、さく井工事、建具工事、水道施設工事、消防施設工事、清掃施設工事、解体工事

　建設業法において、建設業は「建設工事の完成を請け負う営業」と定義されています。また、建設工事の請負契約とは、「報酬を得て建設工事の完成を目的として締結する契約」とされています。ただし、現場で実施される資材納入や調査業務、運搬業務、警備業務などは、その内容自体が建設工事ではないので、建設工事の請負契約には該当しません。他にも、例えば、軽微な建設工事のみを請け負う事業者については、建設業許可が不要の場合があります。

(2) 一般建設業と特定建設業の違い

　軽微な建設工事のみを請け負って営業する場合を除き、建設業を営もうとする事業者には、元請け・下請けを問わず「一般建設業」の許可が必要です。他方、発注者から直接工事を請け負い（元請け）、かつ、一定金額以上で下請けと契約して工事を行う事業者は、「特定建設業」の許可を受けなければなりません。

（3）特定建設業としての責務

特定建設業を営む事業者が元請けとして工事を請け負う場合、以下のような責務があります。

▽現場では法令遵守を指導する

▽下請けの法令違反について是正指導を行う

▽下請けが是正しないときは許可行政庁へ通報する

（4）建設業法に違反した場合の罰則

建設業法に違反すると、建設業許可行政庁（国土交通省の地方整備局長または各都道府県知事）から、「指示」「1年以内の営業停止」「建設業許可の取り消し」の、いずれかの処罰を受けます。

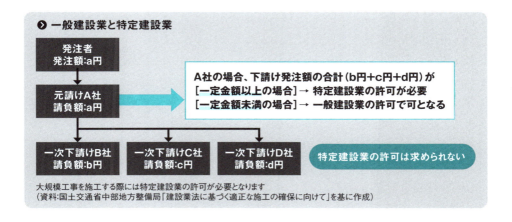

**建設業法は建設業を適正に営むための基本ルール。
工事規模や元請け、下請けの違いで許可条件は異なる。**

Chapter8 建設業法は何を定めているのか

section 2 主任技術者と監理技術者を知る

　建設業法では、建設業を営む事業者が現場で工事を適切に進められるように監督・管理を行う技術者を配置するよう定めています。この規定に従って現場に配属される技術者を「配置技術者」といいます。配置技術者の役割や配置規定などについてみておきましょう。

(1) 工事現場に配置する技術者

▽**主任技術者**：建設業を営む事業者は、請け負った建設工事を施工する場合には、請負金額の大小、元請け・下請けにかかわらず、工事現場に施工技術上の管理をつかさどる主任技術者を必ず配置しなければならない。

▽**監理技術者**：発注者から元請けとして工事を請け負い、かつ一定の金額以上を下請け契約して施工する特定建設業者は、主任技術者に代えて監理技術者を工事現場に配置しなければならない。

　主任技術者と監理技術者は、工事を請け負った事業者との間に「直接的かつ恒常的な雇用関係」がなければなりません。したがって、出向者や派遣社員、短期雇用の技術者の配置は認められません。

(2) 専任の監理・主任技術者が必要な工事

　一定の金額以上の大半の工事（民間工事も含まれる、個人住宅や長屋の建築工事は除く）の場合、監理技術者・主任技術者は専任としなければなりません（監理技術者補佐を専任で配置した場合は複数現場を兼務可能）。ここで、専任とは、他の工事現場の職務を兼務せず、常時継続的に当該工事現場の職務にのみ従事していることをいいます。

(3) 監理技術者資格者証

　元請けが当該工事現場に専任で配置する監理技術者は、①元請けと直接的かつ恒常的な雇用関係にあることを示す「監理技術者資格者証」の交付を受けている者で、かつ、②監理技術者講習を受けている者の中から選任しなければなりません。監理技術者資格者証には有効期限があり、定期的に更新する必要があります。

◉ 現場技術者の配置例

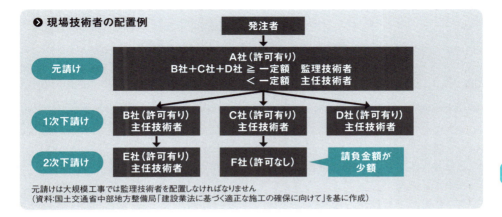

元請けは大規模工事では監理技術者を配置しなければなりません
(資料:国土交通省中部地方整備局「建設業法に基づく適正な施工の確保に向けて」を基に作成)

◉ 専任で配置すべき期間とは

[発注者から建設工事を直接請け負った場合の専任期間]

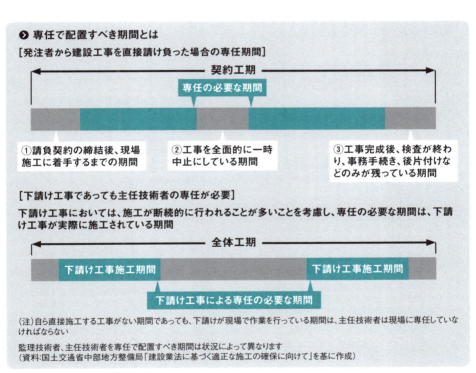

[下請け工事であっても主任技術者の専任が必要]

下請け工事においては、施工が断続的に行われることが多いことを考慮し、専任の必要な期間は、下請け工事が実際に施工されている期間

(注)自ら直接施工する工事がない期間であっても、下請けが現場で作業を行っている期間は、主任技術者は現場に専任していなければならない

監理技術者、主任技術者を専任で配置すべき期間は状況によって異なります
(資料:国土交通省中部地方整備局「建設業法に基づく適正な施工の確保に向けて」を基に作成)

絶対に押さえておくべき POINT

工事現場には主任技術者か監理技術者を必ず配置。
大規模工事の配置技術者は基本的に当該現場に専任。

Chapter8 建設業法は何を定めているのか

section 3

下請け契約の手順

　建設工事では、多くの工事の施工体制で元請け・下請けの関係が生じます。現場を支える事務スタッフの皆さんも、下請け契約に関する規定や契約時の手順、留意点などを押さえておきましょう。

(1) 書面による見積り依頼

　見積りを依頼する際は、工事見積り条件を明確にするため、下図に示す14項目が記載された書面を用いる必要があります。

❷ 見積りの依頼時に示す14項目

①工事内容	⑧工事の施工により第三者が損害を受けた場合による賠償金の負担に関する定め
②工事着手の時期および工事完成の時期	
③施工しない日または時間帯の定めをするときは、その内容	⑨注文者が工事に使用する資材を提供し、または建設機械その他の機械を貸与するときは、その内容および方法に関する定め
④請負代金の全部または一部の前払い金または出来高部分に対する支払いの定めをするときは、その支払いの時期および方法	⑩注文者が工事の全部または一部の完成を確認するための検査の時期および方法、ならびに引渡しの時期
⑤当事者の一方から設計変更または工事着手の延期、もしくは工事の全部・工事の一部を中止の申し出があった場合における工期の変更、請負代金の額の変更、または損害の負担およびそれらの額の算定方法に関する定め	⑪工事完成後における請負代金の支払いの時期および方法
⑥天災その他、不可抗力による工期の変更または損害の負担およびその額の算定方法に関する定め	⑫工事の目的物の瑕疵を担保すべき責任または当該責任の履行に関して講ずるべき保証保険契約の締結その他の措置に関する定めをするときは、その内容
⑦価格など(物価統制令2条に規定する価格などをいう)の変動、または変更に基づく工事内容の変更、または請負代金の額の変更およびその額の算定方法に関する定め	⑬各当事者の履行の遅滞その他責務の不履行の場合における遅延利息、違約金その他の損害金
	⑭契約に関する紛争の解決方法

※①工事内容については、最低限、次の8つの事項を明示しましょう

1. 工事名称
2. 施工場所
3. 設計図書[数量などを含む]
4. 下請け工事の責任施工範囲
5. 下請け工事の工程および下請け工事を含む工事の全体工程
6. 見積り条件および他工事との関係部位、特殊部分に関する事項
7. 施工環境、施工制約に関する事項
8. 材料費、産業廃棄物処理などに係る元請け・下請け間の費用分担区分に関する事項

下請けとなる協力会社に見積り依頼をする場合、依頼書には14項目の内容を記載する必要があります
(資料:国土交通省中部地方整備局「建設業法に基づく適正な施工の確保に向けて」を基に作成)

（2）見積り期間

下請けを担う事業者に見積りを依頼する場合は、契約しようとする工事の予定価格の規模に合わせて、所定の期間を確保しなければなりません。短期間での見積り依頼は法違反となりますので注意が必要です。

（3）合意形成

建設工事の請負契約をする当事者は、各々が対等な立場で合意し、それに基づいて公正な契約を締結しなければなりません。したがって、自己の取引上の地位を不当に利用し、通常必要と認められる原価に満たない金額で請負契約を締結してはいけません。

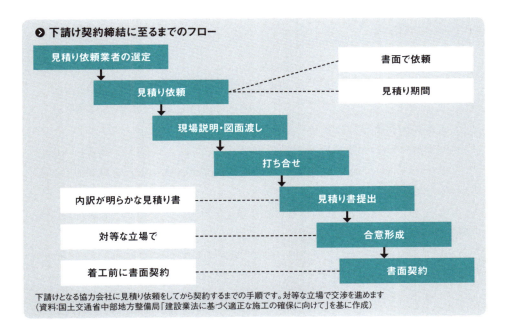

下請けとなる協力会社に見積り依頼をしてから契約するまでの手順です。対等な立場で交渉を進めます
（資料：国土交通省中部地方整備局「建設業法に基づく適正な施工の確保に向けて」を基に作成）

絶対に押さえておくべきPOINT

下請けの見積り依頼は、依頼書面や期間に規定あり。
契約締結には、まず対等な立場での合意形成が必要。

Chapter8　建設業法は何を定めているのか

下請け契約で結ぶ契約書

section 4

　請負代金や施工範囲などをめぐってトラブルが発生するのを未然に防ぐために、下請け契約ではあらかじめ、契約内容を明確にした「請負契約書」を交わしておく必要があります。現場を支援する事務スタッフの皆さんも作成や資料整理の一部を担う可能性があるので、建設業法に定められた契約書の規定についてみておきましょう。

（1）契約書に記載する重要項目

　請負契約書には、工事内容や請負代金の額、工事のスケジュール、引渡し・代金の支払いの方法や時期などの重要事項を記載し（右ページの表を参照）、着工前までに署名または記名押印して相互に交付しなければなりません。

（2）工事の一括下請負は禁止

　建設業法では、元請負人や下請負人が、請け負った工事を一括して下請けに請け負わせる（いわゆる「丸投げ」）、あるいは請け負うことを原則として禁じています。

　民間工事については、あらかじめ発注者（デベロッパーなど）の書面による承諾があれば適用除外になることがありますが、共同住宅を新築する工事については、たとえ発注者の承諾があっても許されません。

　工事が丸投げではないと証明するためには、以下の項目を実施する必要があります。

▽自社（元請けや一次下請けなど）の技術者が、下請け工事の「施工計画の作成」「工程管理」「出来形・品質管理」「完成検査」「安全管理」「下請け業者への指導監督」などについて、主体的な役割を現場で果たしている

▽発注者から工事を直接請け負った者（元請け）については、上の項目に加えて「発注者との協議」「住民への説明」「官公庁への届出等」「近隣工事との調整」などについて、主体的な役割を果たしている

❯ 契約書への明示が必須な重要事項15項目

①工事内容	⑨工事の施工により第三者が損害を受けた場合における賠償金の負担に関する定め
②請負代金の額	⑩注文者が工事に使用する資材を提供し、または建設機械その他の機械を貸与するときは、その内容および方法に関する定め
③工事着手の時期および工事完成の時期	⑪注文者が工事の全部または一部の完成を確認するための検査の時期および方法ならびに引渡しの時期
④工事を施工しない日または時間帯の定めをするときは、その内容	⑫工事完成後における請負代金の支払いの時期および方法
⑤請負代金の全部または一部の前払い金または出来高部分に対する支払いの定めをするときは、その支払いの時期および方法	⑬工事の目的物が種類・品質に関して契約の内容に適合しない場合における、その不適合を担保すべき責任、または当該責任の履行に関して講ずべき保証保険契約の締結、その他の措置に関する定めをするときは、その内容
⑥当事者の一方から設計変更、工事着手の延期、工事の中止の申し出があった場合における工期の変更、請負代金の額の変更または損害の負担およびそれらの額の算定方法に関する定め	⑭各当事者の履行の遅滞その他債務の不履行の場合における遅延利息、違約金その他の損害金
⑦天災その他の不可抗力による工期の変更または損害の負担およびその額の算定方法に関する定め	⑮契約に関する紛争の解決方法
⑧価格などの変動または変更に基づく工事内容の変更、または請負代金の額の変更およびその額の算定方法に関する定め	

下請けとなる協力会社との請負契約を締結する際には15項目の内容を明記した契約書を取り交わす必要があります
（資料：国土交通省中部地方整備局「建設業法に基づく適正な施工の確保に向けて」を基に作成）

8 建設業法は何を定めているのか

請負契約書には所定の15項目を必ず記載する。
請負工事の丸投げは原則として禁止。

Chapter 8 建設業法は何を定めているのか

section 5
下請け代金の支払い時の注意点

　下請け契約を締結した相手に対して下請け代金を支払う際には、建設業法で決められた以下の5項目を遵守する必要があります。
(1) 支払い期限
　元請けは、発注者から請負代金の出来高部分に対する支払いや、工事完成後の支払いを受けたときは、その支払い対象となった工事を施工した下請けに対して、相当する下請け代金をできるだけ早期に（遅くとも1カ月以内）に支払わなければなりません。
(2) 支払い方法
　支払いはできる限り現金払いにします。手形で支払う場合は、現金化にかかる割引料（手数料）などのコストは、下請けが負担しなくてもよいようにしなければなりません。また、手形は一定の期間以内に設定することが義務付けられています。
(3) 前払い金の分配
　元請けは、発注者から前払い金の支払いを受けたときは、下請けに対して資材の購入、労働者の募集、建設工事の着手に必要な費用などを前払い金として支払うよう配慮しなければなりません。
(4) 完成検査と引渡し
　下請け工事の完成を確認するための検査は、下請けから工事完成の通知を受けた日から20日以内に行い、かつ、完成検査後に下請けが工事の目的物の引渡しを申し出たときは、直ちに引渡しを受けなければなりません。
(5) 特定建設業の事業者の支払い義務
　特定建設業の事業者は、下請け（特定建設業の事業者または資本金額が一定の金額以上の法人を除く）からの工事の目的物の引渡し申し出日から起算して50日以内に下請け代金を支払わなければなりません。
　なお、特定建設業者は、(1)の元請けとしての義務と(5)の特定建設業者の義務の両方を負います。そのため支払い期日は、出来高払いや完成払いを

受けた日から1カ月以内か、引渡しの申し出から50日以内(支払い期日の定めがなければ引渡し申し出日)のいずれか早い方になります。

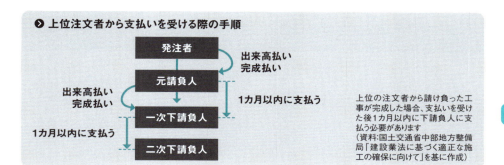

上位の注文者から請け負った工事が完成した場合、支払いを受けた後1カ月以内に下請負人に支払う必要があります
(資料:国土交通省中部地方整備局「建設業法に基づく適正な施工の確保に向けて」を基に作成)

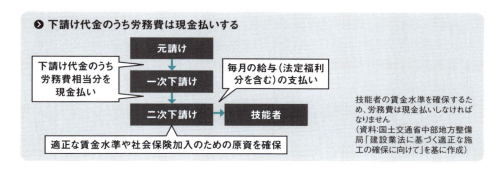

技能者の賃金水準を確保するため、労務費は現金払いしなければなりません
(資料:国土交通省中部地方整備局「建設業法に基づく適正な施工の確保に向けて」を基に作成)

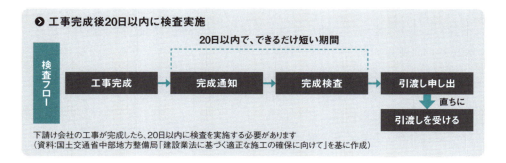

下請け会社の工事が完成したら、20日以内に検査を実施する必要があります
(資料:国土交通省中部地方整備局「建設業法に基づく適正な施工の確保に向けて」を基に作成)

下請け代金の支払いは極力現金払いで。
発注者から前払い金を受けたときは下請けにも支払う。

Chapter8　建設業法は何を定めているのか

section 6

現場で作る施工体制の書類

　工事を円滑に運営していくために、施工者は多様な書類を作成して提出しなければなりません。現場を支える事務スタッフの皆さんは技術者のサポート役として、こうした書類作成に関わる機会が多く、それぞれの書類が持つ意味や役割、作成規定などについて知っておく必要があります。

施工体制台帳

　「施工体制台帳」とは、施工管理体制や作業員の配置、工事の進行状況などをまとめた帳簿です。特定建設業の事業者（元請け）が、一定金額以上の工事代金の工事を下請けに出すときに作成する書類の1つです。ただし、公共工事の場合は、その金額に関係なく施工体制台帳を作成し、その写しを発注者に提出しなければなりません。

　台帳の対象となるのは「建設工事の請負契約」なので、それに該当しない資材納入、調査業務、運搬業務、警備業務などの契約金額は含みません（警備会社は、発注者によっては含まれることがあります）。

　施工体制台帳は、元請けの事業者に現場の施工体制を把握させることで、①品質・工程・安全などに関わる施工上のトラブル発生を防ぐ、②不良不適格業者の参入や建設業法違反（一括下請負など）などを防止する、③安易な重層下請けによる生産効率の低下を抑制する――などを目的としています。

　施工体制台帳は、請け負った建設工事の目的物を発注者に引き渡すまでの期間、工事現場ごとに備え置く必要があります。さらに、入札契約適正化法の規定により、公共工事では施工体制台帳の写しを発注者に提出しなければなりません。

施工体系図

　特定建設業者が、代金が一定規模以上の工事を下請けに出す際、施工体制台帳とともに作成を求められるのが「施工体系図」です。これは、各下請けの

事業者の施工分担を図示したものです。建設業法では、施工体系図の掲示場所について、「公共工事では現場内の工事関係者が見やすい場所および公衆が見やすい場所」「現場内の工事関係者が見やすい場所」に、工事期間中掲示するよう規定しています。

再下請負通知書

一次下請け以下の下請け契約についての内容を元請けに報告するための書類を「再下請負通知書」と呼んでいます。再下請負通知書は、原則として、一次下請け以下で下請け契約を締結した施工者が作成しますが、以下の項目を記載する必要があります。

▽自社に関する事項
▽自社が注文者と締結した建設工事の請負契約に関する事項
▽自社が下請け契約を締結した下請負に関する事項
▽自社が下請負人と締結した建設工事の請負に関する事項

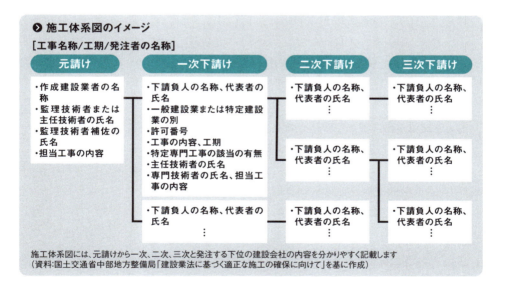

施工体系図のイメージ

施工体系図には、元請けから一次、二次、三次と発注する下位の建設会社の内容を分かりやすく記載します
(資料:国土交通省中部地方整備局「建設業法に基づく適正な施工の確保に向けて」を基に作成)

絶対に押さえておくべきPOINT

公共工事では必ず施工体制台帳を発注者に提出。
施工体系図も作成して現場内に掲示。

Chapter8 建設業法は何を定めているのか

section 7

帳簿と営業に関する図書

　前項で説明した「施工体制台帳」について、記載内容や必要な添付書類などについて、もう少し詳しくみておきましょう。

　まずは施工体制台帳に記載する内容や必要な添付書類について説明します。記載するのは、「工事内容と建設業許可」「健康保険などの加入状況」「配置技術者の氏名と保有資格」「請負契約関係」といった項目です。また、添付が必要な書類としては、「発注者との契約書の写し」「下請け契約書の写し」「監理技術者（専門技術者）関係の写し（例えば、監理技術者資格者証や監理技術者の健康保険証などの写し）」などがあります。

帳簿や営業関連図書も必須

　この他、「帳簿」や「営業に関する図書」も必要になります。これらは、施工者が法律に従って工事を運営しているかを確認するためのものです。まず、帳簿として記載しておく必要がある内容は以下のとおりです。

▽**営業所の代表者の氏名およびその就任日**

▽**注文者（発注者）と締結した建設工事の請負契約に関する次の事項**：「請け負った建設工事の名称と工事現場の所在地」「注文者との契約日」「注文者の商号、住所、許可番号」「注文者による完成検査が完了した年月日」「工事目的物を注文者に引き渡した年月日」。

▽**下請け契約に関する次の事項**：「下請負人に請け負わせた建設工事の名称と工事現場の所在地」「下請負人との契約日」「下請負人の商号、住所、許可番号」「下請け工事の完成を確認するために自社が実施した検査の完了年月日」「下請け工事の目的物を下請け業者から引き渡しされた年月日」。

次に、帳簿に必要な添付書類は以下のとおりです。

▽**契約書またはその写し**

▽**領収書など**：支払い済みの下請け代金、支払った年月日、および支払い手段を証明する書類（領収書など）またはその写し。

▽**施工体制台帳**

　これらの保存期間は5年間です。ただし、住宅を新築する建設工事に関するものについては10年間保存しなければなりません。

　一方、営業に関する図書とは以下のとおりで、これらは元請けが10年間保存しなくてはなりません。

▽**完成図**：自作または発注者から提供された工事の目的物の完成図。

▽**発注者との打ち合わせ記録**：工事内容に関する打ち合わせの内容を、発注者との間で相互に確認した記録。

▽**施工体系図**：特定建設業者が作成した施工体系図。

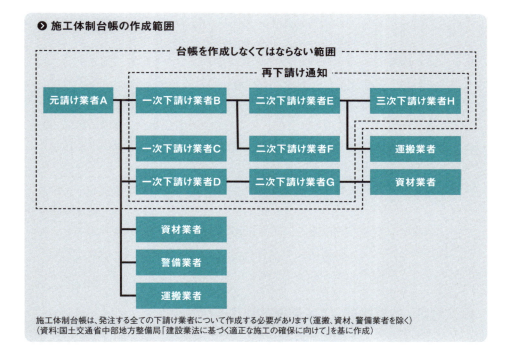

施工体制台帳は、発注する全ての下請け業者について作成する必要があります（運搬、資材、警備業者を除く）
（資料:国土交通省中部地方整備局「建設業法に基づく適正な施工の確保に向けて」を基に作成）

絶対に押さえておくべきPOINT

施工体制台帳の対象は工事の請負契約に該当する者。帳簿や営業に関する図書も作成や保存が必須。

Chapter 9 品質をどのように確保するのか

仕事の成否を決める品質管理

section 1

　品質が良好なものをしっかり造ることは、施工を任された者としての責務です。現場を支援する事務スタッフの皆さんも建設現場における品質について理解しておく必要があります。ここでは、工事の成否を決める品質管理について考えてみましょう。

　品質管理は次のように定義します。まずは、発注者が求める機能を満足するために設計・仕様の規格を満たした構造物を経済的に造ること。次に、工事の全ての段階における管理体系を明確にすること。そして、施工だけでなく調査や設計、工事運営の各過程でも品質を極めること――。

　では、優れた品質管理の条件とは何でしょうか。構造物が規格を満たしていることはもちろん、工程（施工に必要な材料の手配、機材・設備の準備や整備、作業員の働きぶりや作業方法なども含めて）が安定していなければなりません。

　上記の定義や条件に従って品質を管理すれば無駄な作業が減少し、手戻りが減ります。また、品質の均一化が図れるので、検査の手間を大幅に減らせます。結果として品質が向上し、不良品の発生やクレームが減少するといった成果につながります。構造物の品質に対する信頼感が増し、将来の原価も下がるという好循環が生まれるのです。

品質特性、品質標準、作業標準で作り込む

　どうしたら想定した品質を実現できるのでしょうか。具体的にみていきましょう。まずは「品質特性」の選定です。これは、設計どおりの品質を実現するために管理すべき項目ですが、以下の条件を踏まえて選びます。

▽工程の状況が総合的に表れる項目
▽構造物の最終品質に重要な影響を及ぼす項目
▽選定された品質特性と最終品質との関係が明らかな項目
▽容易に測定できる項目

▽工程に合わせて処置できる項目

次に、施工の際に目標とする施工品質、すなわち「品質標準」を、以下を踏まえて決めます。

▽施工に当たって実現しようとする品質標準を選定する
▽品質のばらつきの程度を考慮して余裕をもった品質標準とする

品質標準は施工前に作り、施工過程で変更の必要がある場合は協議して改訂します。そして、設定した品質標準を実現していくためにどのように作業していくかといった「作業標準」を以下の点に留意して決定します。

▽過去の実績や経験および実験結果を踏まえて決定する
▽最終工程まで見越した管理が行えるように決定する
▽工程に異常が発生した場合でも、安定した工程を確保できる作業の手順・手法を決める
▽標準は明文化し、今後のための蓄積を図る

改善にはPDCAサイクルが基本

品質管理に付随し、工事中の工程を適切な状態に維持・管理する業務として「工程管理」があります。納期やコストを守りつつ、一定水準以上の品質を保つために、工事全体をコントロールします。製作（工場などで製作する建材）の工程表や作業標準書の作成も、この業務に含まれます。

この他、完成した構造物が求められる品質に達しているかを検査して確認する「品質検証」業務も品質管理に欠かせません。建物や構造物そのものだけでなく、作業工程や設備なども含めて検証します。そして、不具合や手戻りが発生した場合には「品質改善」を行います。いわゆる「PDCAサイクル（Plan→Do→Check→Act）」の考え方を用いるのです。

事務スタッフの皆さんは品質書類のまとめを任される場面が増えてくるでしょう。品質書類の完成度は仕事の成否に影響します。疑問点や不明点はそのままにせず、上司に相談して100点満点の書類を目指しましょう。

絶対に押さえておくべきPOINT

品質管理は建設業の基本である。
PDCAを回して設計どおりの品質を実現。

Chapter9　品質をどのように確保するのか

section 2

似て非なる出来高と出来形

　「出来高調書」は、工事が進行する中で、請負契約に基づいた施工が完了した部分に対する工事代金を毎月、確認・請求するために使用される書類です。建設事務スタッフも知っておきたい資料です。主に下請けなどの協力会社が元請けに対して以下の項目を示して提出します。

　▽**名称**：品名や見積り項目
　▽**取り決め数量**：設計に対して取り決めた数量
　▽**単位**：回数やメートルなどの単位
　▽**単価**：1単位当たりの単価
　▽**取り決め金額**：取り決め数量×単価
　▽**前回までの出来高数量**：前月までの累計数量
　▽**前回までの出来高金額**：前月までの出来高数量×単価
　▽**当月の出来高数量**：当月稼働した数量
　▽**当月の出来高金額**：当月の出来高数量×単価
　▽**残金**：取り決め金額－前月までの金額－当月の金額

　下請けから元請けに出来高調書が提出された場合、元請けは出来高調書どおりに現場が進捗しているか確認します。同時に、品質も合格水準に達しているか確認し、問題がなければ清算します。この出来高調書で毎月の清算時の過剰請求や過小請求を防ぎつつ、工程と品質の両面も確認します。こうした取り組みが、労務費の回収や現場運営の円滑化に寄与します。

出来形検査は2パターン

　「出来形」は、進行中の工事の施工品質や進捗を管理するうえで重要なチェック項目です。工事が計画どおりに進行しているか、完成した部分が設計に従っているか、仕様を満たしているかなどを検査（出来形検査）で確認します。出来形検査には、直接測定できるものとできないものがあります。直接測定できるものでは、発注者が実地で形状寸法などを測定する実測と、施

工者が測定した結果を記載した施工管理資料（出来形管理資料と出来形管理写真）から確認する方法を使い分けます。

出来形管理資料を見る場合、①出来形寸法が出来形の規格値を満たしているか、②出来形寸法のバラツキが規定の範囲内か、という2つの観点で確認します。ただし、バラツキが規格値を満足していても、複数の検査箇所におけるバラツキの程度にムラがあると、施工品質に対する信頼性が低下することもあるので注意しましょう。

直接測定できないものの代表例としては、構造物の周囲が埋め戻されていたり、コンクリート中に埋め込まれたりしている状態で直接確認することができないケースが挙げられます。

外観は出来ばえ

コンクリートを現場で打つ工程では、生コンクリートの品質を確認するために、以下のような検査・試験を実施します。

▽**スランプ試験**：生コンクリートの軟らかさ（流動性）について「スランプ値」を測定。スランプ値が所定の範囲内に収まっているかを確認する。スランプ値が大きいほど流動性が高く、作業性が向上する。

▽**空気量測定試験**：コンクリート中に含まれる空気量を測定する試験。空気が過剰に含まれていると強度低下の原因になるので、適切な値に収まっているかを慎重に確認する。

▽**納品書確認検査**：納入された生コンクリートの配合などを納品書でチェックする。計画した品質が確保されていることを確かめる。

その他、品質に関連する評価項目として「出来ばえ」があります。建物や構造物の仕上げ面や通り、すり付けなどの他、色、つや、仕上げセンスなど全般的な外観や機能面などについて目視で評価します。

絶対に押さえておくべき POINT

出来形検査では規格値を基準にチェック。
コンクリートはスランプ、空気量、配合を最低限確認。

Chapter 9　品質をどのように確保するのか

複数の検査を駆使する

section 3

　工事が契約どおり適切に施工されているかを確認するのが、工事検査の目的です。品質や安全性が確保されているか、規定の仕様や基準を満たしているかなどを確認し、問題があれば施工者に修正を促します。以下、検査の種類とその検査主体、目的などを説明していきます。

(1) 発注者による検査

　発注者が検査主体となって行う検査です。発注者とは、民間工事なら個人の建て主や一般の企業、住宅会社、デベロッパーといった組織、公共事業であれば、国土交通省や農林水産省、都道府県、市町村などが該当します。発注者検査の目的は、建物や構造物が契約した内容に従っているかを確かめることです。発注者検査の1つ、完成検査は、「引き渡し検査」や「竣工検査」とも呼ばれ、完成した建物や構造物の引き渡しを受けるか否かを判断する場となります。

(2) 工事監理者による検査

　設計図書どおりに工事が進んでいるかを監督する工事監理者（一般的には建築士などの資格を持つ設計者）が実施する検査です。工事監理者は発注者の代理を務め、工事が設計図書どおりに、かつ、適正に行われているのかを専門家の目で確認します。

(3) 施工者による自主検査

　工程の節目などに、施工者が施工状況を自主的に確認する検査です。発注者検査の前などに実施されることが多く、施工部門とは違う部門（例えば品質検査部門）が検査に当たる場合もあります。

(4) 確認申請に伴う検査

　建築物を新たに建てる場合や改修する場合に、建築基準法に基づいて行われる検査。検査は建築申請を受けた行政機関（自治体の建築課など）が行い、提出された確認申請図書（設計図書）と建築物が一致しているかどうかを確認します。工事中、竣工後などのタイミングで複数回、実施されます。工事

完了後の建築物は、竣工後の検査に合格しないと使えません。

(5) 消防検査

　完成した建物が消防法や防火基準に適合しているかを確認する検査です。建物の完成後、所轄の消防署が立ち入り、防火設備や火災時の避難経路、防火設備などをチェックします。この検査に合格しなければ、建築確認検査済証は発行されません。

検査方法は材料と施工品質

　上記で紹介した検査は通常、施工前に検査頻度を決めます。例えば、「全数検査か、抜き取り検査か」といった具合です。抜き取り検査の場合は、抜き取り条件も決定します。定められた範囲ごとにいくつかのサンプルを選び、そのサンプルの測定値が規格値内に余裕をもって収まっているかを確かめます。また、測定値のバラツキが規定の範囲内にあるかなどを見て、全体の信頼性を評価します。品質の検査は、材料品質と施工品質に区分できます。

(1) 使用材料の品質

　公共工事で構築する建物や構造物は、厳しい環境下でも長期間の使用に耐えるものでなければなりません。そこで、使用する部材の材料は、基本的に日本産業規格（JIS）などに適合している必要があります。規格に該当しない材料を採用する場合は、設計図面に品質基準を示すか、必要に応じてメーカーの品質証明書や公的機関の試験結果を提出することが求められます。

(2) 施工品質

　施工品質の検査は、施工者が作成した品質管理の資料と工事記録に掲載された写真やデータを使って行います。または、目視による立会検査を直接現場で実施する場合もあります。検査でのポイントは、目的を理解したうえで品質管理を実行しているかどうかです。さらに、品質のバラツキ具合を管理図表で把握し、品質に問題があった場合はその対策を講じたか、是正をしたかなども評価の対象になります。

絶対に押さえておくべき POINT

**工事検査は工事契約の履行を証明する場。
日ごろから検査を想定した品質管理に努める。**

Chapter 10 写真はどのように管理するのか

section 1

写真撮影が大切な理由

　工事の経過や施工状況などを記録するのが工事写真です。写真整理業務や撮影補助など、現場の事務スタッフの皆さんも関わることが多い工事写真について学んでおきましょう。

　工事写真は、主に「施工過程の記録」「建築物・構造物の詳細な記録」「材料の管理に関する記録」「安全対策の取り組みに関する記録」「施工中に発生した問題や欠陥の記録」といった用途に利用されます。利用場面ごとの留意点や撮影のコツなどを以下に紹介します。

(1) 工事の経過を記録する

　施工過程で撮影するのは施工状況や使用部材、作業員の作業状況などです。これらの写真は工事の進捗状況や施工経過、作業手順などの記録になります。埋め戻し前の状態や仕上げ材を施工する前の状態など、作業後に隠れてしまう部分も撮影しておくとよいでしょう。施工後は完成した建築物・構造物の内外部を詳細に撮影し、完成した目的物の記録とします。施工前の写真は撮影を忘れがちです。着工前や作業着手前の現場の様子の記録は大切なので、しっかりと撮影しておきましょう。

(2) 使用材料を記録する

　工事で使用する材料や部材も撮影します。規格に適合した材料が適正に使用されているか、どのような材料がどの程度の量で使用されているかなどを把握できるように撮影します。特に、鉄筋や埋設管といった施工後に隠れてしまう材料は、施工前・施工中に撮影を済ませておかなければなりません。その他、材料の表面に直接記入された情報や、納品書、箱、缶といった付属物・梱包材についても、記載された情報が分かるように撮影しておきます。

(3) 品質管理の取り組みを証明する

　品質管理は規格値を満たすための取り組みであり、精度管理ともいえます。そこでカギになるのは適正な方法・手順で施工することです。施工時に、そうした取り組み状況が分かるような写真を残しておき、品質を証明する資料

とします。

（4）安全対策の記録にする

　工事には危険がつきものです。日々、大きな重機や重い部材を取り扱っていますし、移動の際に足元の段差で転んでしまうこともあります。そこで、職人が安全に働けるように、「危険な場所」や「片付いていない場所」を写真に収めて、改善や整理整頓の指示を出したり、さらには実際に実施した改善策の実績を撮影・記録しておいたりすることがとても大切です。

（5）問題解決につながる資料にする

　既存市街地で行う工事では、振動や騒音といった問題だけでなく、地下水のくみ上げによる地盤沈下が発生することもあります。そこで、工事着手前の周辺の様子（地盤沈下の有無）や周辺建物の状況（損傷の有無）などを写真で適切に記録しておくと、後でトラブルなどが発生した際に、問題解決の糸口になることがあります。

工事写真は横構図が基本

　工事写真を撮影する際は、相手に伝わりやすく見やすい横構図で撮影することを心掛けましょう。発注者に提出する書類はA4サイズが多いですが、横構図の写真はA4サイズの書類にレイアウトしやすく、また、人の目線にあった自然な印象で安定感や安心感を与えます。通常のデジタルカメラであれば、そのまま構えて撮れば横構図ですが、最近主流のスマホやタブレットで撮る場合は、無意識に撮影すると縦構図になってしまうこともあるので注意が必要です。

　なお、縦構図の写真は高い建物を撮ったり、遠近感を出したりしたい場合に適しています。A4サイズの資料ではレイアウトしにくくなり、全体のバランスが悪くなることもあるので、多用せず、資料の表紙など強調したいポイントで採用するとよいでしょう。

記録を意識して工事後に隠れる部分を必ず撮る。
撮影時には相手に伝わりやすい横構図を心掛ける。

Chapter 10　写真はどのように管理するのか

工事黒板で意図を伝達

section 2

　工事写真を撮影する際に気をつけたいのは、写真を見れば、ひと目で撮影者の意図が伝わるようにしておくことです。そのために利用するのが工事黒板です（白板のタイプもあります）。

　工事黒板は文字どおり工事の情報を書き込む黒板です。撮影した写真に関する情報をまとめて書いたうえで、写真の中に写り込ませる施工管理ツールです。黒板には、①「誰が：施工者や立会者」、②「いつ：撮影日時など撮影のタイミング」、③「どこで：撮影した場所や部位」、④「何を：工事名や工種、分類」、⑤「何のために（なぜ）：施工の目的、規格、表示マーク、寸法など」、⑥「どのように：施工状況や施工方法」など、5W1Hの情報を書き込むのが一般的です。

　使用時の留意点としては、まず、黒板が光を反射して文字が見えなくなる現象に注意すること。撮影環境によっては白板に切り替えることも考えましょう。次に、文字の視認性に配慮すること。相手が見やすいように大きくはっきり書きましょう。広範囲を撮影対象とするような場合は、黒板の位置が遠くなり、文字が小さくなって読めなくなることがあります。その場合は黒板だけ別途撮影し、内容が分かるようにします。さらに、撮影対象をはっきりさせるとともに、誤解を招くことがないよう関係ないものが写り込まないように気をつけます。

　その他、黒板に図面を貼り付けたり、黒板にスケールなどを写し込んだりするケースがあります。このような撮影をする際には、これらがはっきり読み取れるよう工夫して撮影します。特に、スケール（寸法を測る工具）を一緒に写すのは対象物の大きさや黒板に書かれた長さなどを客観的に分かるようにする場合です。スケールの目盛りが視認しにくければ、指で指し示したり、見てほしい部分にマグネットを付けて強調したりする対策も有効です。

　最近はタブレットやスマートフォンに専用のアプリを入れて工事看板を電子化するケースも多くなってきました。そのため、現場の事務スタッフが現

場監督の代わりに工事看板の内容を入力するケースも増えています。自社の看板作成に必要な知識を身に付けておきましょう。

公共工事は管理基準に従う

公共事業においては、土木工事では「写真管理基準」、建築工事では「営繕工事写真撮影要領」といった、工事写真の管理基準を設け、撮影の方法や工事黒板の書き方について規定しています。施工者はこれらの基準に従って、必要と思われる内容の写真資料を作成します。もちろん、ただ基準に従うだけでなく、より分かりやすい写真にするための工夫を加えることも心掛けましょう。撮影枚数や種類については、撮影目的や規模に応じて工事監理者や発注者と協議して工事前に決めておきましょう。

● 工事黒板に記入する5W1Hの内容

	項目	内容
Who	誰が	施工者や立会者など
When	いつ	撮影日時といった撮影タイミングなど
Where	どこで	撮影した場所や部位など
What	何を	工事名や工種、分類など
Why	なぜ、何のために	施工の目的、規格、表示マーク、寸法など
How	どのように	施工状況や施工方法など

工事黒板の基本は5W1Hの記載です。漏れがないか確認しましょう(資料:ハタ コンサルタント)

**工事黒板には5W1Hの内容を記入。
黒板の文字は見やすくなるように工夫する。**

Chapter 10　写真はどのように管理するのか

section 3

写真整理のタイミング

　工事写真に関する重要な業務の1つが写真の整理と管理です。これは現場をサポートする事務スタッフの皆さんが活躍する業務の代表格です。

　工事写真は量が多く、1日に何千枚も撮影することがあります。整理業務では、撮影済みの写真の中から適切な写真を選び、着工から竣工までの流れに沿って工事写真台帳などにまとめていきます。この作業では、写真に工事情報を入力しながら整理します。写真がたまってから整理をすると膨大な時間がかかります。その日に撮影された写真はその日のうちに整理するよう心掛けましょう。

修整や改ざんは絶対にNG

　整理業務に関する注意事項をみておきましょう。まず、絶対にしてはいけないのが、写真の改ざんや修整です。改ざんとは数値を変えるような行為です。修整とは写真そのものを加工してしまう行為です。

　では万一、写真に写っている情報が間違っている場合はどうすればよいのでしょうか。対処法の1つとして、台帳にまとめる際の誤記訂正が挙げられます。改ざんや写真の修整はせず、写真にある間違いを認めたうえで、別に訂正する文章を添える方法です。ただし、発注者や工事監理者に訂正内容を確認してもらうようにしましょう。断りもなく訂正してはいけません。

　工事写真をどのように撮影するか、どのように整理するか、どのくらいの期間で保存するかは、発注者や工事監理者との契約などによって決められていますので、工事前に確認しておきましょう。ちなみに、公共工事では、写真の整理について次のような規定を設けているのが一般的です。

　　▽工事写真は、撮影対象表に示すものを工事種目または分類に整理することとし、監督職員と協議したうえで具体的な整理方法を決定（監督職員とは、総括監督員や主任監督員、監督員の総称。監督員とは注文者の代理人として、請け負わせた工事が設計図書に従って施工されているか否

かを監督する人で、現場監督のことではない）
▽黒板（白板）の判読が困難となる場合、または黒板（白板）を写し込めない場合は、必要事項を添付
▽撮影箇所が分かりにくい場合には、撮影位置図、平面図、構造図といった説明図などを添付
▽上に示した項目に沿って、アルバムを1部作成

その他、撮影する内容について、自社の基準を定めている施工者もあるので、併せて確認しておきましょう。

国土交通省の「写真管理基準（案）令和6年3月版」によると「写真撮影に当たっては、以下の項目のうち必要事項を記載した小黒板を文字が判読できるよう被写体とともに写し込むものとする（①工事名、②工種など、③測点（位置）、④設計寸法、⑤実測寸法、⑥略図）」とあります。また、小黒板の判読が困難な場合は、「『デジタル写真管理情報基準』に規定する写真情報（写真管理項目―施工管理値）に必要事項を記入し、整理する」とあります。写真を整理する際は上記の①～⑥の項目が黒板上で読めるかどうかを確認しましょう。読めない場合は、写真管理ファイルに必要情報を記入しなければなりませんが、その情報が合っているかを必ず技術者に確認しましょう。

❯ 誤記訂正の例

参考例1	誤記:8/5
	誤記訂正:8/6
参考例2	誤記:100mm
	誤記訂正:110mm

写真整理の際に間違いが見つかった場合は、修正、改ざんを行わず、監理者などに許可をもらって誤記訂正をしましょう（資料:ハタ コンサルタント）

絶対に押さえておくべきPOINT

工事写真は量が膨大なので、その日のうちに整理。
写真を修整したり改ざんしたりしてはいけない。

Chapter 10　写真はどのように管理するのか

section 4

写真のチェック方法

　品質管理を行う際のチェックポイントは、設計図書に共通事項として書かれています。すなわち、設計図書には仕様書や準拠指針などが含まれており、さらに、発注者や設計事務所、施工会社によっては独自の仕様書が存在し、それらも含まれている場合があります。また、設計図書には従うべき規定の優先順位が設定されているので、優先度の高い項目から順番に整合性をチェックしていくことが重要です。

　撮影した写真はどのタイミングで確認すればよいでしょうか。それは撮影したその時です。いくら優先順位の高い設計図を確認し、それに関する写真対象や黒板の内容が正しくても、写真自体のピントが合っていなかったり、逆光だったりしていて読み取れなければ意味がありません。写真を整理しているときに気づいても後の祭りです。そうならないように、写真は撮影直後に出来ばえを確認するようにしましょう。

　さらに、写真整理のときも、改めてチェックするようにしましょう。チェックは「間違っているかもしれない」という意識で行います。ピントが合っていない写真や逆光の写真などは、専門知識がなくても一般常識でチェックできます。大切なことは、発注者や工事監理者に「間違っている」と指摘されないこと。写真整理がしっかりされ、内容も確かであれば、信頼も得やすくなります。

フォルダでまとめて整理

　写真はデジタルデータなので、整理した後フォルダに格納します。フォルダは、格納されたファイルの内容がひと目で分かるように、工種や日付け、施工前後などを入れた名前を付けます。例えば「250630_コンクリート工_施工後」といった具合です。250630は日付けを表し、これをフォルダ名の頭に付けることで時系列順での整理がしやすくなります。そして、この表記ルールを全フォルダで統一します。ただし、独自の整理方法を採用している企業

や現場もあるので、状況に応じた名前を考えましょう。

　フォルダは共有のクラウドやHDD（ハードディスクドライブ）に入れて管理します。その際、工種別のフォルダを作成し、該当する写真のフォルダ（上記で紹介したようなフォルダ）を入れ、工程上の順番に並べて管理します。他にも、工事写真アプリを利用する方法があります。スマートフォンやタブレットで使える工事写真アプリを活用すると、写真の順番を自動で整理できます。こうしたアプリでは写真整理だけでなく工事写真台帳の作成までできる機能を持つものも多く、上手に導入すれば業務の効率化を図れます。

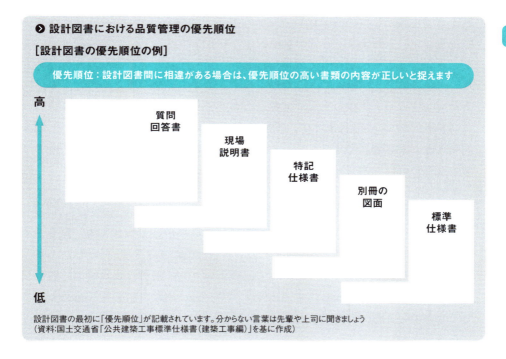

● 設計図書における品質管理の優先順位
[設計図書の優先順位の例]

優先順位：設計図書間に相違がある場合は、優先順位の高い書類の内容が正しいと捉えます

高 → 低： 質問回答書 / 現場説明書 / 特記仕様書 / 別冊の図面 / 標準仕様書

設計図書の最初に「優先順位」が記載されています。分からない言葉は先輩や上司に聞きましょう
（資料：国土交通省「公共建築工事標準仕様書（建築工事編）」を基に作成）

絶対に押さえておくべきPOINT

工事写真はテーマごとにフォルダ分けするのが基本。
フォルダはHDDやクラウド上で適切に管理する。

Chapter 10　写真はどのように管理するのか

section 5

設計図や施工計画書との照合

　工事写真は、施工状況・使用材料の記録や、品質管理などに活用します。鉄筋工事を例に、写真による記録や品質チェックの手順をみてみましょう。

　基礎梁の配筋をチェックする場合、まず構造図を確認し、その中から配筋納まり図を探します。例えばFG1という基礎梁であれば、FG1の配筋納まり図を確認し、その仕様や形状を黒板へ書き写します。

　さらに、その黒板を持って現場へ行き、実際のFG1を確認。問題がなければ、対象の鉄筋を、黒板も入れた形で撮影します。黒板の文字が小さくて見えないようなら、黒板のアップも撮っておきましょう。こうした一連の流れは、現場監督の基本の仕事です。工事黒板を取り込めるアプリを使う場合、図面挿入なども容易にできるケースもあるので、組織内でこうしたITツールを採用していれば上手に使いこなしたいところです。

特記は設計者からのメッセージ

　大抵の設計図には「特記」と呼ばれる補足説明が付けてあります。施工技術者が設計図を確認するとき、図面そのものや寸法のチェックだけでなく、特記に込められた設計者のメッセージも読み取っておく必要があります。設計図を確認するときには特記もしっかりと読み込み、重要だと思う部分にマーカーなどで色を付けておきましょう。

　設計図を読み、施工計画に反映させることは施工技術者としての常識です。ただし、特記の内容が設計図と矛盾していることもあります。これは設計者のミス、または、この設計図に関わった複数の設計者の意見が食い違っていたためといった理由が考えられます。「設計図は完全」という思い込みはミスを見逃すことにもつながります。注意しましょう。

　設計図が難しい、分かりにくいと感じたときは、自分で図面を描き起こしてみるのもお勧めです。CADなどで立体的に描き、前後左右上下の状況を自分で確かめてみるのです。こうして自分で作成した図であれば、説明もしや

すくなるというメリットが生じます。

　現場を支援する事務スタッフが設計図を直接確認し、照合する機会自体は多くないかもしれません。しかし、図面の見方や描き方の作法を知っておくと、仕事の重要性をより深く理解できるに違いありません。

● 配筋納まり図と鉄筋工事用黒板の例

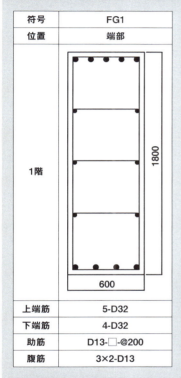

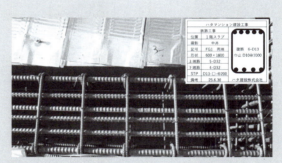

構造図に記載している基礎梁の納まり図の例と黒板への記載事例。黒板へ書き込む際は現場のルールに従いましょう
（資料：ハタ コンサルタント）

絶対に押さえておくべき POINT

写真による施工管理は現場監督の基本。
設計図に書かれた「特記」もしっかり読み込む。

Chapter 10　写真はどのように管理するのか

section 6

適切な写真と不適切な写真

　撮影した写真は「適切な写真」と「不適切な写真」に分けられます。適切な写真とは写真に含まれる情報が正しく、記録として残せるもの。不適切な写真とは、情報を適切に正しく伝えられないようなケースをはじめ、受け手の心証を悪くするようなものです。後者を施工記録として残すのは適切ではなく、もし記録として残せば施工者の印象が悪くなるばかりか、手直し工事が発生する場合もあります。

　そのため、不適切な写真は整理業務によって取り除き、工事写真台帳などの提出書類は必ず適切な写真だけで構成するようにしましょう。たった1枚でも不適切な写真が記録として使われていれば、全ての写真の信憑性を疑われます。残りの写真もおかしいのではないか、写真を撮っていない場所は大丈夫なのかなど、あらぬ疑惑を持たれてしまいます。

「見えない」「不明瞭」な写真は除く

　不適切な写真の具体例としてどのようなものがあるでしょうか。これは、現場を支援する事務スタッフが整理業務で押さえておくべきポイントにもなります。

　例えば、写真の中にゴミが写り込んでいるもの。整理整頓が行き届いていない印象を与えるだけでなく、発注者の敷地や構造物にゴミを残していると思われてしまいます。

　次に、ピントが合っていないもの。品質を管理すべき写真のピントが合っていないようでは、何かをごまかしているような疑いを招いてしまいます。撮影したくないものがあったからごまかしたのではないか、詳細を見られてはまずいからわざとピントを合わせなかったのではないか、などと思われてしまいます。

　逆光の写真もNGです。伝えるべき大切な部分が見えなくなってしまうからです。特に、黒板を写し込む状態で撮影する場合は、太陽（日中）や照明、フ

ラッシュ（夜間）の光が黒板に反射し、撮影対象が全く見えなくなることがあるので注意が必要です。

その他、雨の日も同じように撮影対象が写りにくくなるので気をつけた方がよいでしょう。安全にも配慮し、不安全な作業をしているように見える作業員は写さないようにします。この現場は安全管理ができていないと思われないようにします。

なお、いうまでもありませんが、不適切な行為や状態があれば、単に写真を取り除くというのではなく、そうした状況を改善すべく指導していかなければなりません。事務スタッフの皆さんも、この点を理解し、おかしな写真を見つけたらすぐに技術者に報告しましょう。

◉ 撮影時の注意事項

	写真で注意することの例
1	ゴミを写さない
2	ピントをしっかり合わせる
3	逆光にならないような対策を講じる

写真撮影時には1〜3について、しっかり確認します。撮影した現場での内容確認も忘れてはいけません（資料：ハタ コンサルタント）

◉ 写真整理時の注意事項

	採用しないようにするもの、気がついたら報告すべきもの
1	不安全作業をしている作業員（ヘルメットなしなど）が写り込んでいる
2	休憩中の作業員（喫煙中など）が写り込んでいる
3	黒板内容が間違っている（日付けや名前など）
4	工事に関係のないものや人（第三者など）が写り込んでいる
5	明らかなごまかし行為がある（撮り直しを別の場所で実施など）

簡単なチェックで不適切な写真を見抜けます。「不適切な写真かもしれない」と思って写真を整理しましょう（資料：ハタ コンサルタント）

絶対に押さえておくべきPOINT

提出書類には適切な写真だけを掲載する。
不適切な行為や状況があれば技術者に報告。

Chapter 11 原価はどのように管理するのか

section 1
建設物価の仕組み

　建設業も"商売"です。現場を支える事務スタッフの皆さんが建設業における金銭の扱いを知っておくことはとても大切です。この章では工事現場での金銭管理などについて紹介していきます。

　まずは工事を進めるために必要な材料（資材）や労働力、建設機械、設備などにかかる費用（単価）を総称した「建設物価」について学びます。建設物価は、その時々の需給バランスや経済情勢、原材料の価格などによって変動しますが、その情報を提供しているのが下記の団体です。

　▽**建設物価調査会**：主に雑誌（「建設物価」、「土木コスト情報」、「建築コスト情報」）やWeb（「建設物価」のWeb版）で情報を発信している。

　▽**国土交通省**：公共建築工事の費用を適正に算出することを目的に、資材や労務、機械などの標準的な単価（価格）を定める「公共建築工事標準単価積算基準」を公表している。

　▽**日本建設業連合会**：Webにて「建設業デジタルハンドブック」を運営。建設資材価格の推移など建設コストに関する情報を集約し、提供している。

　雑誌「建設物価」は大半の建設系の企業が事務所や現場に常備しています（Web版を契約している企業や現場もあります）。まずは手に取ってみて、どのような内容かを確認してみましょう。見方が分からない場合は工事担当者などの技術者に聞いてみて、建設業の物価がどの程度なのかを把握しておくことも重要です。

　なぜ、資材や機械の価格、労務単価を決める必要があるのでしょうか。例えば、公共工事の入札などに際して、行政側は積算によって予定価格を決めなければなりません。「予算決算及び会計令」では公共工事の発注に伴って必要となる予定価格の決定について「取引の実例価格、需給の状況等を考慮して適正に定めること」としています。

　これに基づき、国土交通省や農林水産省では、公共工事の予定価格の積算に必要な公共工事設計労務単価（技能者の労務単価（日額））を定めています。

建設労働者などに対する賃金の支払い実態は、1970年から毎年、定期的に調査されており、その調査結果を基に上記の労務単価が決定されています。

しかし、工事予算の算出は建設物価を参照するだけでは難しいといわれています。なぜなら、建設業の単価には「エキストラ」が含まれることが多いからです。エキストラとは、いわゆる手間費や割り増し費のことです。

例えば、工事で使用する鉄骨は、JIS規格品であれば建設物価で単価を確認できますが、発注者や施主からの要望でJIS規格外の特殊なグレードの鉄骨を使う場合もあります。こうした製品は「エキストラ品」と呼ばれて一般的な製品よりも単価が上がることが多く、その分、割り増しの費用が必要になるのです。

同じ職種でも地域によって労務単価は異なる

職人に支払う「労務費」は1日8時間当たりの単価として表示されていますが、地域によって労務単価は変化します。例えば、東京都で働く職人と北海道で働く職人は、同じ仕事をしても単価が異なるのです。また、職種によっても単価が異なるので、51職種別・47都道府県別に集計されています。例えば2023年の単価は1万2000円程度～5万8000円程度で、職種によって大きな差がありました。この差は、職種ごとの危険性や特殊性から生じるものです。なお、単価には割り増し賃金などの手当ては含まれていません。現場で割り増し賃金などが発生した場合は別途、請求されます。

事務スタッフの皆さんが働く地域の職人の単価について現場の担当者に聞き、「単価×25日＝月収、月収×12カ月＝年収」などとして、職人の年収状況をイメージしてみるとよいです。業務の内容に対して適正な収入となっているかを考えてみることも大事です。

絶対に押さえておくべき POINT

工費を構成するコスト情報は国土交通省などが公表。職人の労務単価は職種や地域によって異なる。

Chapter 11　原価はどのように管理するのか

section 2

建設業の商品とは何か

　建設業に携わる企業を経営し続けていくために必要な条件とは何でしょうか。従業員を雇うこと、品質を確保すること、工事に関わる人が幸せになることなど、いろいろ考えられますが、最も重要なのは会社を会社として存続させ続けることです。あるデータによれば、企業が10年存続する確率は1割に届きません。それほど、企業を存続させることは難しいのです。

　企業を経営し続けていくには、事業で利益を出し、事業を継続するための運転資金を確保しなければなりません。どのように利益を出し、そこで得られた運転資金をどう使っていくかは企業によって異なります。

　例えば、農家では「野菜を育てて売る」ことにより利益を得ます。仮に、前シーズンに育てた野菜から得られた種を利用するとします。すると、0円の種から育てた野菜を50円で売れば、50円儲かることになります。その野菜を50円で仕入れた青果店が店頭で野菜を100円で売れば、50円の儲けが得られます。さらに、その青果店で野菜を買ったのが料理店のシェフだった場合、シェフは野菜を調理し、料理に仕上げて提供することにより利益を得ます。青果店から仕入れた野菜が100円、その他の材料費が400円、料理を1000円で提供したとすれば、シェフの儲けは500円です。

　このように、企業が利益を出すためには、商品やサービス（農家や青果店は野菜、料理店は料理）を売らなければなりません。ただ、その商品が売られるまでの過程を考えてみると、実は各種のコストがかかっていることに気がつきます。

　例えば、農家が野菜を育てるには「水」や「肥料」が必要だけでなく、育てる「手間」もかかります。さらに、発育を促進して効率よく育てるための「設備」や、野菜を売り場に運ぶための「運送」も必要です。その他、青果店や料理店が買い手や顧客に商品をPRするための「声掛け」や「広告」、日々の営業活動に必要な「ホールスタッフ」や「食器」、「店舗」にも、それぞれコストがかかります。

建設業の商品は「建造物」

それでは、建設業における「商品」とは何でしょうか。建築工事では住宅やビルといった建物（建築物）を造ります。土木工事では、ダムやトンネル、橋梁などの構造物を造ります。設備工事では、配管や空調などを取り付けます。これらを総称したものを建設業では「建造物」といいますが、建造物そのものが建設業の商品といえるでしょう。

そして、品質の優れた建造物を造るために日々努力する技術者や職員は、自社の商品を高めていく存在で「企業価値」そのものです。建設業が末永く存続していくためには、現場の事務スタッフの方も含めて技術力の向上や教育による人材育成を図り、業界全体の価値を高めていかなければなりません。

● 建設業の「商品」10選

No	建築工事	土木工事	設備工事
1	一戸建て住宅	道路	照明設備
2	共同住宅	トンネル	受変電設備
3	学校	堤防	放送設備
4	図書館	ダム	通信設備
5	事務所	橋梁	防災設備
6	商業施設	上下水道	ガス設備
7	ホテル	鉄道	水道設備
8	工場	港湾	空気調和設備
9	病院	基礎	エレベーター
10	倉庫	空港	エスカレーター

建設業における「商品」は「建造物」そのもの。皆さんの会社はどのような商品を扱っていますか（資料：ハタ コンサルタント）

11 原価はどのように管理するのか

絶対に押さえておくべきPOINT
建設業の商品は建造物で多様な種類がある。
技術力の向上や教育で建設業の価値が高まる。

Chapter 11　原価はどのように管理するのか

section 3

世界情勢とつながる建設物価

　国内の建設資材が高騰しています。2020年から22年の6月にかけて、木材・木製品は約1.7倍、鉄鋼は1.4倍に企業物価指数が上昇しました。その後24年6月では、木材・木製品は約1.3倍、鉄鋼は1.5倍（いずれも2020年比）と依然として高い価格水準が続いています。一体なぜここまで高騰してしまったのでしょうか。

　主な要因を挙げるとすれば、①新型コロナウイルス感染症によるパンデミック、②米国・中国の住宅需要の増加、③世界的なコンテナ不足、④ロシアによるウクライナ侵攻、⑤主に米ドルに対しての円安——など。これらの事象が連続的に生じて、資材（特に木材）の価格を押し上げていきました。以下のような具合です。

　①19年12月ごろ、新型コロナウイルス感染症が世界的に猛威を振るい始め、「コロナ禍」と呼ばれる状況になりました。その結果、ロックダウンを実施する国が増え、自宅で仕事をするテレワークが世界的に広まりました。

　すると、②米国や中国で住宅需要が高まり、両国の木材の輸入量が急激に増えました。特に米国は低金利政策の影響もあり、買い占めに近いような勢いでした。

　次に起きたのが③世界的なコンテナ不足です。建設資材は重量や運搬効率の観点から貨物船で運ばれます。米国と中国の大量の木材輸入を受けて、多くの貨物船とコンテナが両国に使われてしまったため、日本に輸入木材が入ってこなくなりました。21年3月には、この現象が「ウッドショック」と呼ばれるようになりました。

　さらに、追い打ちをかけるように、④22年2月にロシアによるウクライナ侵攻が始まりました。世界有数の木材輸出国であるロシアからの輸出が停滞し、世界的な木材不足に拍車をかけました。

　そして、⑤円安が輸入のデメリットを高めます。25年2月時点でも建設資材は依然として高い状態が続いています。

資材の高騰で物価スライドを発動

　建設資材が急激に高騰したことを受けて、建設業では「物価スライド」という言葉が使われるようになりました。物価スライドとは、物価の変動に応じて、各種費用の支払い額を見直す仕組みのことです。

　本来、発注者は、建設市場の最新単価に配慮し、施工者に対して適切な支払いをすることが求められています。しかし、建設資材が約1年間で1.4～1.7倍にもなってしまっては、発注者も対応できません。施工者に適切な支払いをするためには、発注者が「素材を変更する」「適切な価格で工事を進める」といった対応を選択しなければなりません。

　公共工事であれば、工事の契約締結後に賃金や物価水準が変動し、変動額が一定の水準を超えた場合は、受注者は請負額の変更を請求することができます。しかし、民間工事の場合は、発注者や施主がこうした状況を受け入れないケースも多くありました。そのため、日本建設業連合会が「建設工事を発注する民間事業者・施主の皆様に対するお願い」を発信する事態となったのです。

　この要請文書には、「契約締結前であれば、直近の資材価格や調達状況を反映した価格や工期での契約を行う。契約済みの工事であれば、個別協議により、請負価格の変更や設計の変更などへの対応をお願いしたい」とあります。このような急激な物価変動は施工者のみならず、発注者や下請けも予想できず、大きな問題となりました。

　現在では、請負契約書の中に物価スライドを適用する場合の条項を入れて契約を結ぶようになりました。書類の作成などに関わることが多い事務スタッフの皆さんも、こうした状況は理解しておきましょう。

絶対に押さえておくべきPOINT

世界情勢が建設資材に影響を及ぼすことがある。
物価スライドは物価変動を支払い額に反映する仕組み。

Chapter 11　原価はどのように管理するのか

section 4

労務単価の構成を知る

　国土交通省が示す公共工事設計労務単価の「全国全職種平均値」。建設労働者の定着と地位向上を目的に、建設業に関わる全国・全職種の労務単価（1日当たりの公共工事設計労務単価）の平均値を出したものです。平均という名から推測できるように、労務単価は一律ではなく、建設労働者が不足している地域ほど単価が高くなる傾向があります。また、入札不調の発生状況などに応じて見直すことができるよう配慮されています。

　国土交通省が2024年3月に公表した全国全職種平均値は「2万3600円」でした。前年度の「2万2227円」に対して5.9％の増額で、単価算出方法を変えた13年度から12年連続して増額が続いています。これは、職人不足を解消するための施策の1つといわれています。

　さて、この金額はどのように算出しているのかをみてみましょう。まず、労務単価は、労働者本人が受け取るべき賃金を基に、所定内労働時間8時間分を日額換算値として設定しています。その内訳は、基本給相当額＋基準内手当＋臨時の給与の日額換算（賞与など）＋実物給与（食事の支給など）です。ここには、残業代や夜勤手当などは含まれていません。また、労働者の雇用に伴って事業主が支払う必要経費、例えば、事業主負担分の法定福利費や労務管理費、現場作業にかかる経費なども含まれていません。したがって労務単価と必要経費（24年度は9676円）との合計額、3万3276円が、事業主が労働者1人を雇用するに当たって支払う人件費となります。

過酷な労働環境を反映

　元請けが下請け代金に必要経費を計上しなかったり、下請け代金から必要経費分を値引いたりすることは不当行為とみなされます。

　ここでいう必要経費とは、①時間外、休日および深夜労働についての割り増し賃金、②各職種の通常の作業条件または作業内容を超えた労働に対する手当て、③現場管理費（事業主負担分の法定福利費や研修訓練などに要する

費用)、一般管理費といった諸経費——などです。これらの必要経費は下請け代金には含まれていないので、元請けは適切に支払う義務があります。

　全国全職種平均値の2万3600円に25を掛けて(25日分)、さらに12を掛けると(12カ月分)708万円となります。つまり、これが全国の職人の平均年収です。ただし、けがをして働けなくなったらもらえません。屋外での作業が多いので冬は寒く、夏は暑く、雨が降れば濡れます。そして、このような環境でも作業しなければなりません。こうした労働環境、労働条件を踏まえれば、全国全職種平均値が年々上昇していることは当然ともいえます。

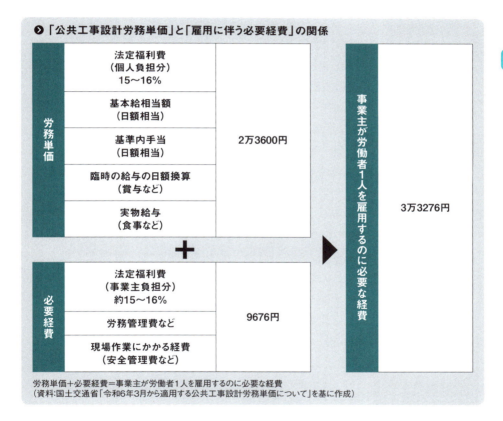

労務単価＋必要経費＝事業主が労働者1人を雇用するのに必要な経費
(資料:国土交通省「令和6年3月から適用する公共工事設計労務単価について」を基に作成)

絶対に押さえておくべきPOINT

**全国の職人の平均労務単価は約2万4000円。
単価上昇は職人不足解消や処遇改善策の一環。**

Chapter 11　原価はどのように管理するのか

section 5

受注者を決める入札

　建築物や構造物を建設する事業は顧客からの依頼で始まります。例えば、ある建物を「どこに」「いつまでに」「いくらで」「どのような規模で」「どの会社が施工するか」といった依頼です。

　新たに進める建設工事をどの企業に担ってもらうか――。入札とは、工事の目的や条件に合わせて、複数の候補者の中から契約者（施工者）を決める仕組みです。現場を支える事務スタッフの皆さんも入札に関連した資料の作成や収集に力を貸す場面が出てくるかもしれません。その流れについて、公共工事の入札で理解しておきましょう。

　公共工事の入札は、発注者（国や自治体など）が民間企業に協力を求める仕組みで、いくつかの種類があります。

　▽「**一般競争入札**」：誰でも参加できる入札方式。価格で競う一般的な入札のイメージに最も近い方式である。

　▽「**指名競争入札**」：あらかじめ発注者がいくつかの企業を候補者として指名し、その候補者の中で競争させる方式。

　一般競争入札も指名競争入札も、まず、入札に参加する企業側が入札案件の仕様書から詳細を確認し、見積り書などを入札書として提出し、発注者がその資料を基に落札者を決めます。落札とは入札に勝ち、施工を担う企業として選ばれることをいいます。落札の基準は原則として、「金額」で決まります。つまり、価格が安い企業が選ばれるのです。ちなみに、入札で敗れることを「落選」といいます。

安かろう悪かろうを防ぐ入札方式も

　公共工事は税金を投入するので、入札では価格の安さが求められます。ところが、価格の安さだけで落札者を決めると、「安かろう悪かろう」といった問題が生じかねません。過去にそうしたトラブルもありました。そこで、「総合評価落札方式」や「プロポーザル方式」といった入札方式が導入されるよ

うになりました。

「総合評価落札方式」は発注者が工事案件についての課題を出し、入札時に入札価格とともに課題に対する技術提案を提出してもらう方式です。価格と提案の双方を勘案して落札者を決定します。「プロポーザル方式」とは、ある案件に対して各企業から提案書を提出してもらいます。その内容によって、施工者を決める方法です。落札者を決める際には「金額」だけでなく「企画」も重視します。

施工者を特定する方法として入札を行わないスタイルもあります。例えば、特定の企業を直接、施工者として指名する「特命契約（いわゆる随意契約）」と呼ばれる方式があります。

その他、「公募」という選定方式もあります。発注者が一般競争入札のように、受注を希望する建設会社を募り、応募のあった建設会社を事前に審査します。そして、発注者が適切と判断した建設会社のみで競争させるのです。

入札による施工者選定の落とし穴

公共工事では事実上、入札の際に施工者が工事価格を決めることになります。もちろん、その価格が発注者の予算内に収まっていることが前提です。

一見問題がなさそうな制度ですが、そうでもありません。例えば、「一般競争入札」の場合、基本は価格で施工者を選定します。しかし、施工者が工費を安くするための不正を働くことがあります。また、談合や別の工事での違反が見つかるなどして落札が無効・失格になると落札者がゼロとなり、入札からやり直しになることもあります。これを「再公告」といいます。

再公告となれば、結果として当初の入札業務そのものが無駄となり、税金の損失につながります。

絶対に押さえておくべきPOINT

公共工事の施工者選定には入札制度が適用される。
談合や不正で入札が無効になることも。

Chapter 11　原価はどのように管理するのか

section 6

人件費は職種によって違う

　国土交通省が公表している「公共工事設計労務単価」には、約50の職種についての労務単価が都道府県別に示されています。2024年2月公表版で最も高い労務単価は宮城県の潜水士で5万9400円、最も低い単価は高知県の交通誘導警備員Bで1万2000円でした。

　この数値は、地域や業務の難易度・危険度、資格保有者の数（希少性）などの要素によって変動します。例えば、「潜水士」は水中での作業を担う職種で、資格が必要です。潜水器具を装着し、空気圧縮機による送気などを受けて水中で作業を行います。このように、潜水士に求められるのは専門的なスキルを伴う難しい作業で、かつ、危険を伴います。加えて、潜水士の資格を持ち、水中での建設作業に従事できる職人は数も限られると考えられ、その結果として労務単価が高くなっています。

補助業務でも現場では重要な仕事

　一方、単価が比較的低い職種には「交通誘導警備員」や「軽作業員」などがあります。

　交通誘導警備員は、現場や現場周辺で通行車両や歩行者に対する交通整理や誘導を行い、安全を確保する職種です。責任の範囲や作業の内容によって「交通誘導警備員A」と「交通誘導警備員B」に分かれ、業務の難易度が高いAの方が単価も高くなっています。

　軽作業員は現場で比較的単純な作業や補助的な業務を担います。例えば、現場の整理整頓や清掃、比較的簡単にできる資材や材料などの運搬・搬入作業、散水、草むしりなどです。

　現場を支える事務スタッフとしても、現場の職人がどのような仕事をどれくらいの金額でこなしているのか、職種は何かなどを確認してみると、職人の仕事がより明確にみえてきます。

公共工事設計労務単価に掲載されている職種

公共工事設計労務単価掲載の51職種

1	特殊作業員	18	さく岩工	35	左官
2	普通作業員	19	トンネル 特殊工	36	配管工
3	軽作業員	20	トンネル 作業員	37	はつり工
4	造園工	21	トンネル 世話役	38	防水工
5	法面工	22	橋りょう 特殊工	39	板金工
6	とび工	23	橋りょう 塗装工	40	タイル工
7	石工	24	橋りょう 世話役	41	サッシ工
8	ブロック工	25	土木一般 世話役	42	屋根ふき工
9	電工	26	高級船員	43	内装工
10	鉄筋工	27	普通船員	44	ガラス工
11	鉄骨工	28	潜水士	45	建具工
12	塗装工	29	潜水連絡員	46	ダクト工
13	溶接工	30	潜水送気員	47	保温工
14	運転手（特殊）	31	山林砂防工	(48)	建築ブロック工
15	運転手（一般）	32	軌道工	49	設備機械工
16	潜かん工	33	型わく工	50	交通誘導警備員A
17	潜かん 世話役	34	大工	51	交通誘導警備員B

※(48)は参考職種

公共工事設計労務単価掲載の主要12職種

1	特殊作業員	10	鉄筋工	34	大工
2	普通作業員	14	運転手（特殊）	35	左官
3	軽作業員	15	運転手（一般）	50	交通誘導警備員A
6	とび工	33	型わく工	51	交通誘導警備員B

※主要12職種とは通常、公共工事において広く一般的に従事されている職種

公共工事設計労務単価は51職種に分類されています。民間工事では異なった職種名になる場合もあります
（資料：国土交通省の資料から作成）

11 原価はどのように管理するのか

絶対に押さえておくべきPOINT

労務単価は業務の難易度や地域などの要素で変動。
潜水士は労務単価が高い職種の1つ。

Chapter 11　原価はどのように管理するのか

section 7

実行予算の作成とその後の改善

　入札などを経て受注が決まった時点で受注者（主に施工者）が作成する予算が「実行予算」です。実行予算とはどのように算出されるのでしょうか。ある家庭の旅行計画を例に考えてみましょう。

（1）発注者の要望

　子供たちから「海外旅行に行きたい」とのリクエストがありました。建設事業でいえば、発注者からの「こんな建築物を造りたい」といった「要望」に当たります。

（2）基本計画

　リクエストに応えるためには旅行資金の確保が必要です。両親は、収入や生活費、貯蓄などを踏まえて、どこなら可能かを思案したり、「イタリア旅行」といった具体的な目標に向けて予算繰りの計画を練ったりします。こうした過程は、建設事業であれば、発注者の要望を設計者が「大体こうなる」という案にまとめる「基本計画」の段階に当たります。

（3）入札・コンペ

　予算を踏まえ、子供たちにイタリア旅行を提案します。すると、子供たちから、旅費では同レベルのフランスや米国を推す意見が出てきました。建設事業の場合、発注者は、基本計画は1社の提案だけでなく、他の企業にも別案を出してもらおうと考えます。また、その際に「見積り」も併せて依頼。複数の「基本計画と見積り」を集めます。これが「入札」や「コンペ」に相当します。ここでの「子供たちの意見」は「入札・コンペ」といえます。

（4）落札者の決定

　家族での話し合いの結果、あなたのイタリア案に子供たちが賛同しました。旅費も確保できそうです。建設事業では、施工者が工事を受注することを「落札者（落札）」が決まる、「優先交渉権（交渉権）」を得る、などといいます。いくつかの案の中から「旅行先の決定」を行うことは「落札者、優先交渉権者が決まる」に相当します。

（5）実行予算の作成

　旅行先がイタリアと決まり、具体的な計画を立てます。例えば旅行代理店で見積りを作ってもらったり、インターネットで詳しい情報を調べてみたりするのです。数多くの検討を経て、最終的な旅行金額が決まります。建設事業では、工事の受注が決まると、受注者は真っ先に「実行予算」の作成に着手します。基本計画は、あくまで受注につなげるための計画であり、その段階で算出した金額は目安にとどまります。そして受注後、実際に工事を進めるための具体的な見積りが実行予算に当たります。最終的な旅行金額が実行予算に相当するのです。

実行予算はVEの賜物

（6）バリュー・エンジニアリング

　いよいよ、旅行会社でイタリア旅行の詳細を詰めます。しかし、当初の予算をオーバーしてしまいました。イタリアの物価が上がり、宿泊費が見積りの金額よりも高くなってしまったからです。旅行会社からアドバイスをもらいながら予算の削減を検討したところ、飛行機の出発時刻や経由地を変えれば航空運賃が安くなることが分かりました。結果的に当初の予算内で子供たちも満足できる内容の旅行にすることができました。

　建設事業では、基本計画に比べて実行予算の金額が多い（予算オーバー）場合は、施工品質は維持しながらも、どこかで出費を抑え、工費を予算内に収めることを考えます。このような手法を、「VE（バリュー・エンジニアリング）」といいます。上記の「飛行機の出発時刻や経由地を工夫して経費を節約する」のは、まさにVEによる問題解決です。

　実行予算を作成したり調整したりするには、まず「基本計画」を知ることが大切です。そして、その後の調整や変化への対応ではVEの知識・スキルが必要不可欠となります。

絶対に押さえておくべきPOINT

基本計画で組んだ予算と実行予算は異なる。
品質を維持しつつ予算とのギャップを埋めるのがVE。

Chapter 11　原価はどのように管理するのか

原価のチェックポイントを知る

section 8

　現場では原価管理に関する業務への支援を求める声がよく聞かれます。例えば、「積算や数量拾いの正誤チェック」や「納品書や請求書の整理」などです。これらは、予算の知識がない人でも手伝うことは可能なので、事務スタッフの皆さんが確実に力を発揮できる業務の1つといえるでしょう。

　通常、現場では事務担当者と所長が予算管理やコスト管理を行い、本社などが最終チェックを行います。しかし、見積り書の中身を見てみると「一式」と書かれている項目が多いことに気がつきます。一式とは、材料費や労務費、雑費、諸経費などをまとめた表現です。したがって、「一式」の明細を一つひとつチェックしない限り、それが適切な価格がどうか分かりません。

　通常は「一式」と書かれていれば、その「内訳」があり、材料費、労務費、経費といった明細が示されているはずです。明細があれば、所長は内訳が適切かどうかチェックできます。

相見積りで価格の妥当性をチェック

　しかし、比較的容易にチェックできるのは、単価などが公表されているものや社内基準で単価が決まっているものに限られます。いわゆる「オリジナル製品」や「特許工法」など、単価が公表されていないものについては簡単にチェックできません。

　こうした場合に建設業界では、「相見積り」によって価格が妥当か否かを調べる手法がよく用いられます。相見積りとは、同じ条件の見積りを複数の会社などへ依頼することです。まずは、最初に受け取った見積り書の金額部分を空欄にした書類を作成（項目はそのまま同じにします）。その書類で見積りを行うよう他社に依頼します。他社からの見積りが届いたら両者の見積りを比較し、価格を相対的に評価するのです。

　このように見積りが妥当かどうかを判断することは、建設業においてとても重要です。ただし、コスト低減にこだわりすぎて、「安かろう悪かろう」に

ならないようにコントロールすることも大切です。以下、簡単な見積りの例を見てみましょう。

（1）見積り例A

洋服一式（200,000円）

内訳：「ネクタイ20,000円」「靴30,000円」「スーツ上下100,000円」「ベルト10,000円」「シャツ10,000円」「ベスト30,000円」

（2）見積り例B

警察官の制服一式（200,000円）

Aは内訳が書かれていること、かつ、詳細欄に示された製品が世の中にたくさん出回っているので相見積りをしなくてもおおよその判断はできます。これに対して、Bは内訳がないことや、一式として書かれた製品が一般的なものではないので、専門の会社に相見積りを依頼した方が判断しやすくなります。さらに、Bの内訳を提出してもらい、新たに見積りを依頼した専門の会社にも内訳ありの相見積りをもらうと、もっと価格を比べやすくなります。

見積りが妥当な価格（単価）か否かを確認することは、工事の確実な利益につながります。

❯ 金額の一式表示と内訳表示の例

一式		摘要	数量	単位	単価	金額	備考
	アルミカーテンウォール工事		1	式		○○	

内訳		摘要	数量	単位	単価	金額	備考
	カーテンウォール	W9,800×H26,000	1	カ所	○○	○○	
	ブラインドボックス	150×120	○	m	○○	○○	
	額縁	200×25	○	m	○○	○○	
	笠木	W=450	○	m	○○	○○	
	サイドパネル		○	m²	○○	○○	
	層間パネル		○	m²	○○	○○	

原価のチェックポイントは内訳が肝です
（資料：国土交通省「公共建築工事見積標準書式（建築工事編）（令和5年改定）」を基に作成）

絶対に押さえておくべきPOINT

見積り書に書かれた「一式」は要確認。
単価が不明なら相見積りで適正か否かをチェック。

Chapter 11　原価はどのように管理するのか

section 9

請負契約で決まった原価を管理する

　施工者が目的物（建築物や構造物など）を完成させることと、その施工者による仕事の成果に対して発注者や施主が報酬を支払うことを、それぞれ合意して結ぶ契約。これを「請負契約」といいます。発注者は施工者（元請け）に、元請けは下請けにそれぞれ請負契約を結んで工事を始めます。

　例えば、元請けの立場では、発注者と結んだ契約に記載された「請負代金の額」を超えない額で工事を進めなければなりません。工事の進捗に合わせた出来高管理により、原価割れが生じないよう日々確認を行います。

発注者からの全額支払いは完成後

　工事中には追加や変更といった契約にない新たな工事が発生する場合もあります。その場合は発注者と交渉し、新たな金額を取り決めてから工事を進めます。時には、元請けの原価管理が甘く、予想外の費用が発生したり、施工ミスによる思わぬ出費が生じたりすることもあります。

　そのような事態に陥り、請負代金の額以上の出費があれば赤字になります。そうならないように、元請け側の社員で新たな施策を考えたり、下請けに協力を仰いだりして原価を抑えます。金額が合わない場合は、工事の途中でもVEを駆使して金額を合わせます。VE提案の場合は、発注者に受け入れてもらえるよう協議も行います。

　いずれにせよ、請負代金の全額は工事が完成しないと発注者から払ってもらえません。現場では、最後の決算まで気を抜かずに原価管理を行っています。さらに、工事の品質を保つためには、定期的な現場のチェックや、関係者とのコミュニケーションも重要です。これにより、問題が早期に発見され、迅速に対応できます。現場を支える事務スタッフの皆さんも自分の目線で気がついたことがあれば、積極的に報告しましょう。

● 4者（発注者、設計者、元請け施工者、下請け施工者）間の報酬と関連書類の流れ

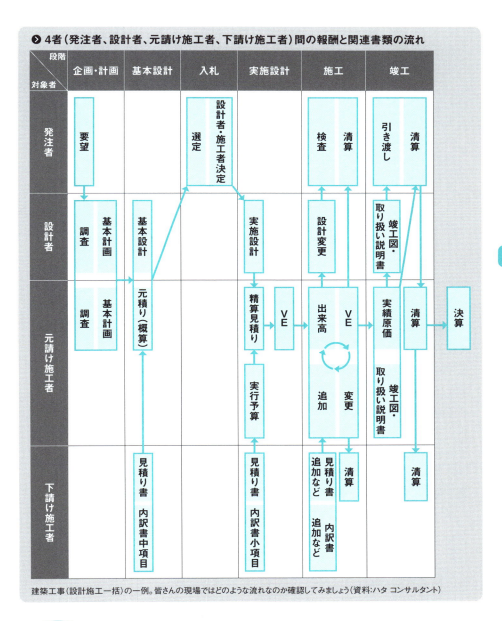

建築工事（設計施工一括）の一例。皆さんの現場ではどのような流れなのか確認してみましょう（資料：ハタ コンサルタント）

11 原価はどのように管理するのか

**建設工事は発注側と受注側が結んだ請負契約で成立。
工事関係者全員で一致団結して原価を管理する。**

Chapter 11　原価はどのように管理するのか

section 10

原価を決める請負契約の流れ

　建設工事は、注文者（発注者や元請け）と請負者（元請けや下請け）が請負契約を交わした時点から始まります。請負契約を締結した時点で工事代金が決まり、管理すべき原価も決まります。目的物（建築物や構造物）が引き渡され、請負者が工事代金を受け取るまでの流れを確認しておきましょう。

　まずは注文者が請負者に工事依頼を送付します。請負者は工事依頼を受領したのち、見積り書を発行し注文者へ送ります。注文者は、その見積りが適切だと判断した場合、見積り書を受領し、注文書を発行・送付します。

　次に、注文書を受領した請負者は内容を確認し、見積り書どおりであれば、注文請け書を発行します。注文書は、商品やサービスを注文する際に注文者が作成する証憑書類で、取り引きの事実を証明するために使われます。請負者は注文を承諾したことの意思表示のために注文請け書を発行する場合もあります。注文書の発行は基本的に必須ではありませんが、「下請法」が適用される取り引きの場合は発行義務があることを知っておきましょう。注文書が発行されないと、発注・受注双方に認識の相違が生じる恐れがあり、トラブルの元となります。

注文書と発注書の違い

　発注書と呼ばれる書類もあります。注文書と発注書には法的な違いはありませんが、企業によっては目的によって使い分けることがあります。

　例えば、形がある商品をそのまま購入する場合は注文書と呼び、加工や作業が伴う場合は発注書と呼んで使い分ける場合があります。また、取引金額に応じて使い分けるケースもあります。高額な商品に対しては発注書、比較的安価な商品に対しては注文書といった使い分けもあります。

　注文書の作成は、発注先の宛名や取引日、発注内容などを記入する手順で行います。エクセルなどのテンプレートを利用するか、受発注システムを導入することで効率的に管理でき、その後、請負者は資材を送付すると同時に

納品書を発行します。注文者は資材が予定どおりであれば納品書を受領します。請負者は製品が受領されたので、請求書を発行します。注文者は請求書を受領し、請負者に対して清算（支払い）を実施します。こうして請負者は費用を受領します。

　注文者は工事依頼に併せて「見積り依頼書」を送付する場合もあります。ここには、見積りに必要な情報が記載されています。例えば、工事概要として工事名、工事場所、予定工期、建物の構造、階数、面積、見積り書の提出期限、部数、宛名、提出先、有効期限、注文者からの支給品の有無、施工条件などです。このように、見積り依頼書には見積りに必要な情報が入っているので、見逃さないようにしましょう。現場を支える事務スタッフの皆さんも、書面に記載された項目に漏れがないかを確認してみましょう。

● 注文者と請負者間の取り引きの流れ

流れ	注文者	請負者
1	工事依頼 →	工事依頼受領
2	見積り書受領 ←	見積り書発行
3	注文書発行 →	注文請書発行
4	納品書受領 ←	納品書発行
5	請求書受領 ←	請求書発行
6	清算（支払い）→	清算金受領

工事で発生する仕事には契約が必要です。口頭だけで仕事を進めるとトラブルの元になるので、必ず契約書を取り交わします
（資料：ハタ コンサルタント）

絶対に押さえておくべきPOINT

下請法の適用工事では注文書発行義務がある。
契約の流れを把握して書類の漏れがないようにする。

Chapter 11 原価はどのように管理するのか

建設工事でも大切な納品書

　「納品書」とは、製品やサービス（商品）の供給者が、納品する商品の明細を記入し、納入先（顧客）へ渡す証明書類です。建設事業においても使われており、どのような商品を届けたかを証明します。

　納品書の主な役割は以下のとおりです。

▽**注文建材の確認**：工事で必要な建材が依頼どおり搬入されたかを確かめる。見積り書と比較して漏れがないか、などを書面上で確認する。

▽**受け渡しの証明**：注文した本人以外が代わりに建材を受け取った場合でも納品の証明になる。

　納品書に法的な発行義務はないので、納品書を発行しなかったとしても罰則を受けることはありません。ただし、完成通知書や引き渡し書は法律で作成を義務付けられているので注意が必要です。

　納品書を発行するタイミングは目的物の受け渡し時です。顧客は納品内容に問題がないか納品書と現物とを照らし合わせながら確認します。

　建設業の納品書には以下のような項目を記載するようになっています。

▽**納品番号**：納品書の番号を管理するために使用。
▽**発行日**：納品書を発行した日付けを記載。
▽**発行先**：顧客の情報を記載。
▽**発行元**：納品書を発行した事業者の情報を記載。
▽**件名**：工事名などを記載。
▽**納期**：納品の予定日を記載。
▽**納品場所**：納品物の引き渡し場所を記載。
▽**合計金額**：納品書全体の合計金額を記載。
▽**明細**：材料や人工などの詳細を分けて記載。

リース品は返却を忘れやすい

　納品書は工事の進行管理や顧客との信頼関係を構築するうえで重要な役割

を果たします。現場に届く納品書を分類すると「コスト関係」と「リース関係」に分かれます。

コスト関係の伝票とは、「注文を受けた製品を現場に納品したので代金を請求します」といった請求書の性格を持つものです。

リース関係の伝票とは、「依頼されたリース製品を届けました。○年○月○日までに返却してください」などの確認書のようなものです。工事現場では、リース品と呼ばれる「借りて使う道具や機材」が数多くあります。そのため、いつ、何を、何個、どこに届けたかを明確にしておき、返却時期を忘れないようにしてもらうのが狙いです。

現場では工事で使用する資機材が毎日のように届き、同じ数の納品書が届きます。日々、こまめに整理していかないと、あっという間に大量の書類で埋め尽くされてしまうので注意が必要です。

11 原価はどのように管理するのか

❯ 納品書類の参考例

納品書 No123-456

○○株式会社様　　　　株式会社○○
○○工事　　　　　　　〒12X-XXXX
納品日:20××/××/××　東京都○○××
発行日:20××/××/××　TEL:00-0000-000

合計金額　￥○○,○○○-

下記の通り納品します

品名	数量	単価	金額	概要
○○	○○	○○	○○	
□□	□□	□□	□□	
小計		○○,○○○○		

五月雨式に届く納品書類はその日のうちに整理しましょう
（資料:ハタ コンサルタント）

絶対に押さえておくべき POINT

建材などの受け渡しを証明する納品書。
納品書の整理は届いた日のうちに実施する。

Chapter 11　原価はどのように管理するのか

section 12

書類管理のポイントは5S

　工事現場では使用する資機材が頻繁に搬入されたり搬出されたりします。そして、その都度、いろいろな書類がやり取りされます。書類の管理をサポートするのは現場を支える事務スタッフの役割です。ある現場の1日の搬入出履歴を追いながら、そこで管理が必要になる書類を確認してみましょう。

　7:00：ラフタークレーンが到着（検査証明書）
　7:30：仮設材を搬入（納品書）
　8:30：鉄筋材を搬入（ミルシート）
　9:00：ポンプ車が到着、コンクリート受入検査を実施（コンクリート納品書、コンクリート受入検査書）
　10:00：配管材の受け入れ（納品書）
　11:00：宅急便でリース材を受け取り（納品書）
　15:00：養生用のブルーシートを搬入（納品書）
　16:00：ラフタークレーンが退出（作業証明書）、ポンプ車が退出（作業証明書）

5Sの徹底が書類管理を効率化

　現場監督はこうした状況を毎日、スケジューリングして把握していますが、多忙で全てのやり取りには対応できません。そこで例えば、伝票の受け取りだけは現場のガードマンに代わってもらうといった対策を講じている現場も多いようです。現場を支援する事務スタッフの皆さんがなんらかの形でサポートしていけば、こうした好ましくない状況を改善できます。

　現場には大量の書類が毎日、届きます。日々、確実に管理するために、「5S」の考え方を取り入れて作業環境を整理整頓し、作業効率を上げるとよいでしょう。5Sとは、「整理（Seiri）」「整頓（Seiton）」「清掃（Seisou）」「清潔（Seiketsu）」「しつけ（Shitsuke）」の頭文字Sを取ったもの。「5Sが徹底されている現場ほど管理レベルが高い」といわれています。

　5Sを徹底することで、書類管理が行き届き、現場で働く仲間の仕事の効率

が上がります。

　例えば、搬入したリース品を返却する場合に、リース会社に電話やメールで個数を確認しなくても、整理されたファイルを見れば一目瞭然です。職人から「すぐに数を確認して」とせかされた場合でも、ファイルを見ればすぐに回答できます。また、現場に納品した部材が不足しているのではないかといった不安に駆られた場合でも、納品書を見れば現場の注文ミスなのか事業者の納品ミスなのかをすぐに判断できます。

　これらの納品書が最も役に立つのは、金銭面の問題が発生した場合です。例えば、請求書が届いて支払いを実施しようとした際に、想定よりも高い請求金額が記載されていたとします。その際、納品書をさかのぼって調べれば、請求書の間違いを確認できるでしょう。確認できなければ、無駄な支払いをしてしまう羽目になります。

　このように、納品書を5Sの考え方で管理することによって業務の合理化が図られ、不要な出費（原価の上昇）を避けることができます。

● 5Sとは

		5S	
1	整理	**S**eiri	必要なものと不要なものに分け、不要なものを捨てる
2	整頓	**S**eiton	必要なものをすぐに取り出せるようにする
3	清掃	**S**eisou	整理整頓できた場所を掃除する
4	清潔	**S**eiketsu	1、2、3の状態を維持する
5	しつけ	**S**hitsuke	1、2、3、4を教育し、継続的に常態化させ、自動化する

5Sを徹底して書類整理を毎日行いましょう（資料：ハタ コンサルタント）

絶対に押さえておくべきPOINT
資機材の搬入・搬出と書類はセットである。
書類をうまく管理できれば無駄な出費が減る。

Chapter 11　原価はどのように管理するのか

section 13

出来高の算出

　工程表を用いると、工事の「出来高」を管理することができます。出来高とは、1日や1週間など、一定期間中に完了した工事の数量を表します。建設工事では、完了した工事ごとに出来高を基に費用を算出し、清算します。

　出来高は建設業において工事の進捗を示す重要な指標でもあり、「出来高率」で表します。出来高率は「代表的な細別（細かく分類された項目）の累計施工完了数量（特定の工事がどれだけ完了したかを数値で表現したもの）」を基に算出します。ここで、「代表的な細別の累計施工完了数量」とは、例えば基礎工事や鉄筋工事、コンクリート工事といった施工単位（作業項目や工種）が、それぞれ完了した工数の合計で、出来高率は以下のような形で算出します。一定率は通常、10％で計算します。

$$出来高率（\%）＝\frac{（代表的な細別の累計施工完了数量）}{（代表的な細別の全体数量）}（\%）－一定率（\%）$$

資材の消費量で品質を確認

　さらに、適用細別の合計金額（特定の工事項目に対して設定されている、予算や契約金額）に出来高率を掛けた額に、適用外細別の出来高（出来高率を使って計算されない項目の額）を加えると全体の出来高を算出できます。

　しかし、実際の工事では杓子定規には進まないことが少なくありません。そのため、現場監督が工事の進捗を多様な方法で確認し、算出する場合もあります。

　例えば塗装工事の場合、見積り書には「外壁100m^2」というふうに「m^2」を単位とした数量が記載されます。つまり、100m^{2}分の塗装が終われば工事が完了したことになります。

　しかし、塗装工事で必要な塗料が適切に使用されたか否かの品質確認は、目で見るだけでは難しいでしょう。なぜなら、壁に必要な塗料が規定の厚みで

塗られているか否かは、目視では判断できないからです。そこで、代わりに塗料の入った一斗缶が必要数量消費されたかどうかを確認します。

一斗缶には塗装可能な量がm^2単位で記入されています。見積り書に記載された分に相当する一斗缶が消費されていれば、想定した品質を確保するだけの塗料が使われたことになります。仮に「20m^2塗装できる一斗缶」であれば、それが5缶以上消費されていれば、100m^2の塗装に必要な量が消費されたといえるわけです。

ちなみに、反対の手順を行えば、必要な一斗缶の金額も算出できます。100m^2の塗装に必要な一斗缶の数を算出する場合、まずは設計図書に書かれた条件と合致する塗料を選びます。そして、一斗缶に書かれた塗装可能範囲を確認します。仮に「20m^2/缶」とあれば、5缶必要だと分かります。さらに、予備も考慮し6缶注文すると決めます。一斗缶1缶が1万5000円だとすると、合計で9万円の材料費が必要になります。

出来高率を管理することも大切ですが、このように現場の実際の状況を踏まえて記録することも非常に重要です。

出来高と工事現場の状況には深いつながりがあります。そして、管理する内容も立場によって異なります。現場に出て実際の状況を確認するのは現場の事務スタッフや現場担当者です。所長は専門工事会社から提出される全体数量や施工完了数量、見積り書、請求書といったデータから出来高率を割り出し、工事の進捗や原価の動きを管理します。ここで、現場の事務スタッフや現場担当者の報告内容と所長の管理内容とが一致すれば、工事現場の利益もタイムリーに把握できます。

時には内容が一致せず、トラブルになる場合もありますが、数値的な管理と現場の確認を並行して進めていれば、そのトラブルも早期に認識できます。出来高の算出は工事の利益に直結するので、日々管理することがとても重要です。

絶対に押さえておくべきPOINT

**出来高を基に進捗状況や施工完了分の費用を確認。
資材の消費量は品質管理の目安にもなる。**

Chapter11　原価はどのように管理するのか

section 14

出来高曲線で進捗を管理

　工程表に出来高の曲線グラフを重ねて表示したものを「出来高曲線」といいます。出来高曲線は、工事が日々どれだけ進んでいるかを把握するための表現方法の1つです。曲線が工事の進捗を可視化しており、金額の「累計完工率」（金額ベースの進捗）と連動しています。そして、これまでに各月でいくら費用を投じたか、もしくは今後、どれくらい投じられるかを表しています。

　この出来高曲線は一般に「地下工事（基礎工事や地盤改良工事、共同溝工事など）では進捗率は遅く、曲線は緩やかになる」といわれています。なぜなら、地下工事は土壌や地下水、埋設物などの影響を受けやすく、計画どおりに進まないことが多いからです。

　一方で、「地上工事に入ると一気にペースアップし、勾配は急になる」傾向にあります。地下に比べると現場の環境が変わって施工条件がよくなり、作業量を増やせるようになるからです。その他、搬入のしやすさや工事の効率化といった条件も関係します。その結果、消費する物量も多くなり、ペースが加速するのです。

　そして、工事が終わりに近づくと、「出来高曲線は緩やか」になっていきます。工期の最後で曲線が緩やかなのは「費用を投じてバタバタと急いで工事をしていない」ということを示しています。

出来高請求は下請けから元請けへ

　出来高に合わせて施工完了分の代金請求を下請けから元請けに行うことを「出来高請求」といいます。このやり取りで使う「出来高請求書」は、建設事業において納品物（建築物や構造物）の引き渡しを示す重要な書類です。

　出来高請求は、ゼネコンなどの元請けに対して、協力会社（下請けや専門工事会社）が工事の完了前に一定期間（例えば1カ月間）で稼働した出来高を清算することを指します。協力会社は中小企業であることが多く、労務費（人件費）については一定のサイクルで回していく必要があります。従業員には

毎月、給料という固定費がかかっているため、労務費については早く回収して支払いのサイクルに充てなければ経営できません。出来高請求は、この労務費を現金で計上し、早く回転させるための手段となります。

工事現場では、出来高請求用の内訳書（調書）を作成します。この書類は、毎月少しずつ出来高請求するような現場では必須です。過剰請求や過小請求を防ぐために、出来高を管理する書類として重要です。

工事の出来高を把握することは現場所長の最も重要な仕事といえます。「見積り書どおりに工事が進んでいるか」「計画にミスはないか」といった確認ポイントを出来高曲線が見える化します。毎月の出来高を正確に把握できれば、コストのリスクアセスメントが可能です。会社への報告も出来高曲線を使えば一目瞭然になります。

現場の事務スタッフの皆さんが直接上記のようなコスト管理に関わることはあまりないかもしれません。それでも、間接的に関わる場面は多いでしょう。例えば、日々の納品書の整理や管理、工事の進捗を確認する業務、使用材料に合わせた検査などもコスト管理の一部になります。

コスト管理は現場の利益に直結します。そのため、日々のどのような仕事にも一生懸命に取り組むことで、コスト管理が適切に実行され、工事現場で利益を上げることにつながります。事務スタッフの頑張りもまた、出来高曲線（工事現場の結果）として見える化されるのです。これにより、現場全体の効率が向上し、最終的な利益改善につながります。

絶対に押さえておくべきPOINT

**出来高曲線は工事進捗を金額で可視化。
毎月の出来高チェックがコスト管理に役立つ。**

Chapter 11　原価はどのように管理するのか

section 15

工事採算に悪影響を及ぼす工程遅延

　天候不良や資材調達の遅れ、設計変更、労働力不足、最悪の場合は現場での事故発生など、建設事業には進捗遅れを招く要素がたくさんあります。現場ではそうした予期せぬ事態を踏まえ、数多くの対策を準備して工事に臨むものです。しかし、それでも遅れが出てしまうことはよくあります。また、建設現場では労働者不足によって担当者の業務が過多となり、工事計画に費やす時間が足りなくなって工程遅延につながる状況も少なくありません。工事の遅れはどのような影響を及ぼすのでしょうか。

　まず、工事の遅延はコストの増加を招きます。例えば、作業員や職人の雇用期間が延びることで人件費が増加します。さらに、建設機械や設備のリース期間の延長によってリース料や維持費の増加を招きます。現場の運営費も工期が伸びた分、必要になります。これらは原価にも大きく響くでしょう。

　下請けや専門工事会社は労務の確保に苦慮するかもしれません。工程を取り戻すための労務が確保できないと、出来高の積み上げがままならなくなり、出来高請求の金額が予定に満たない額となってしまうからです。

　その他、発注者の心証を損ねたり、企業としての信用が低下したりすることも考えられます。

工期延長は原則としてNG

　建設工事で工程に遅れが生じたとしても、よほどの事情がない限り、工期延長は認められません。つまり、遅れたツケは残された工期の中で取り戻さなければならないのです。

　工期を挽回する方法としては、①労務を増やす、②稼働時間を増やす、③工法を変更する——の3つが考えられます。このうち③は、大きな効果は期待できないとされており、大半の現場では①か②（例えば突貫工事）を実施することになります。ただ、人を増やしたり労働時間が増えたりするので、1日当たりの労務費などが増大します。

このように、工程遅延は「百害あって一利なし」です。まずは遅延しないように工程管理をしっかり行って工期を遵守することが大事です。万が一、遅延が発生してしまった場合は一刻も早く挽回策を打ち出し、迅速に実行しましょう。対策実施が遅れれば、それだけ挽回が難しくなります。

　工程管理は現場の担当者が担う場合がほとんどです。むしろ、担当者の本業といってもいいでしょう。そのため、現場担当者の1日の仕事の大半を占めます。工程管理に力を入れすぎるあまり、他の仕事まで手が回らない現場担当者も少なくありません。結果として残業が増え、心身ともに不健康になってしまう担当者もいます。

　そんな時こそ現場の事務スタッフの皆さんの支援が必要です。現場の担当者が本業に集中できるように、小さなことでも進んで支援してください。例えば、書類整理、資料作り、現場の片付けなど。担当者が支援を受けて困ることはありません。積極的に協力をして利益を出し、全員が笑顔で終われる工事現場を実現しましょう。現場担当者の頑張りと事務スタッフの協力とによって、工期遅延や赤字とは無縁な工事現場を目指すのです。

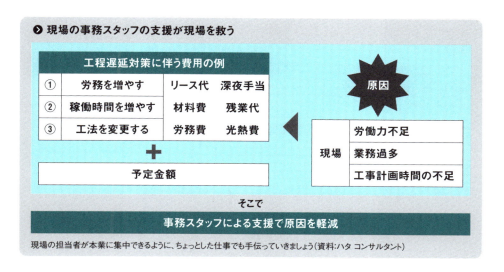

現場の担当者が本業に集中できるように、ちょっとした仕事でも手伝っていきましょう（資料：ハタ コンサルタント）

絶対に押さえておくべきPOINT

**工程遅延は現場の利益をむしばむ。
遅延が生じたら早急に手を打つ。**

Chapter 12 工程はどのように管理するのか

section 1

工程を見える化する

　工程とは、着工から竣工に至るまでの作業手順です。そして、その工程や進捗状況を目で見て分かるように表したのが工程表です。工事をどのように進めるか、どの作業をいつまでに完了させるかなどを、具体的に示したスケジュール表といえるでしょう。現場をサポートする事務スタッフの皆さんもその種類や内容などを知っておく必要がある大切なツールです。

　工程表にはいくつもの種類がありますが、現場でよく用いられるものとして「バーチャート工程表」があります。縦軸には作業内容を、横軸には時間（日・週などの期間）をそれぞれ記載。プロットエリアには各作業の進捗状況を横棒（バー）で表現します。進捗状況を直感的に把握でき、プロジェクトの各作業工程とそれらの経時的順序を可視化できます。また、工程別の仕事量を1つの図で表せるので、現場監督と職人の意思疎通を図るツールとしても有効です。

　バーチャート工程表には、簡単に作成できる、修正しやすい、表示内容が分かりやすいといったメリットもあります。

作業・工種間の関係や順序を視覚的に示す

　「ネットワーク工程表」は、プロジェクトの作業・工種間の関係や順序を視覚的に示す図です。各作業のスケジュールと経時的な順序を表し、工事全体の流れや多様な作業の関連性を可視化します。この工程表の作成にはルールがあり、その際には以下のような専門用語や記号を用います。

　▽**アクティビティ**：プロジェクトで実施する個別の工種や作業を矢印で表し、矢印の上下に作業量や作業に要する時間などを記載。

　▽**イベント**：プロジェクトにおける各工種や作業の結合点（節目）を丸印で示す。丸印の中には作業の流れる順番を示す番号を振る。

　▽**ダミー**：双方の作業の間に挟み込む所要時間0の架空の作業。工程表の中で直接つなげられない作業間の依存性や順序を表す。破線の矢印で表

す。
▽**フロート**：1つのアクティビティのスケジュールにおける余裕期間を示す。フリーフロートとは、アクティビティが遅れても、次のアクティビティのスケジュールに影響を与えない余裕期間。トータルフロートとは、アクティビティが遅れても、プロジェクト全体のスケジュールに影響を与えない最大の余裕期間を指す。
▽**クリティカルパス**：アクティビティが遅れると、プロジェクト全体の遅延が発生する重要な作業の流れ・つながりを指す。

バーチャート工程表は基本中の基本。読み取れるようになり、仕事に生かしましょう（資料：ハタ コンサルタント）

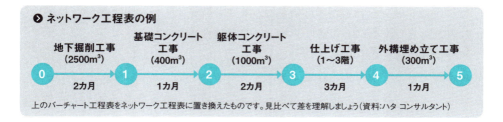

上のバーチャート工程表をネットワーク工程表に置き換えたものです。見比べて差を理解しましょう（資料：ハタ コンサルタント）

**工程表で施工スケジュールや進捗状況を視覚化。
現場監督と職人の意思疎通のツールになる。**

Chapter 12　工程はどのように管理するのか

section 2

マイルストーンを目標に工程管理

　建設業で用いる工程表は、前ページまでに説明した形式の違いの他、時間軸の違いや利用者の違いによって、複数の種類があります。伝える相手（提出する相手）や内容に応じて種類を選ぶ必要があるのです。例えば、時間軸の違いでは月間工程表と週間工程表などが挙げられ、時間の単位が小さくなるほど、表に記載する内容も細かくなります。

　伝える相手が異なると必要な工程表も変わってきます。例えば、月間や週間の工程表は、現場だけでなく、近隣住民への説明や情報開示でも使えます。一方、工事に特化したタクト工程表などは主に施工者だけが確認するツールとなります。

大きなイベントは工程表のチェックポイントに

　工程表には「マイルストーン」と呼ばれる節目を設けるのが一般的です。工期内に工事を進めていくうえでの、いわばチェックポイントです。設定したマイルストーンで遅れが出ないように工程を管理することが重要です。

　例えば、ある建築工事で予定から2日遅れが出たとしても、上棟日がずれないように挽回すれば、上棟日の時点では工程遅延なしといえます。それだけマイルストーンを守ることは重要で、どこの現場でもマイルストーンに近くなると忙しくなる傾向があります。工事現場における中間テスト・期末テストのように捉えておけばよいでしょう。

　建設工事の工程の中に設定するマイルストーンとしては、次のようなものがあります。現場を支援する事務スタッフの皆さんも言葉と意味を理解しておきましょう。

　　▽**着工**：工事に着手すること。
　　▽**上棟**：建築工事で最上階の床にコンクリートを打設したり、鉄骨の梁を取り付けたりすること。
　　▽**竣工**：建築物や構造物ができあがること。

▽**貫通**：トンネル工事の掘削などで貫通したこと。
▽**受電**：建築物や構造物の中に電源を引き込むこと。
▽**引き渡し**：発注者や施主に目的物（建築物や構造物）を引き渡すこと。

　現場を支える事務スタッフの皆さんが直接、マイルストーンを管理することは比較的少ないでしょう。しかし、マイルストーンを理解することで、現場が忙しくなる時期を予測できます。現場ではある日突然、「明日は重要な検査だから、この仕事を今日の夕方までに終わらせてくれませんか」といった依頼を受けることがよくあります。日頃から工程表でマイルストーンを読み取り、忙しくなる前に書類整理などを終わらせておきましょう。

工程表の種類と使用別頻度

種類	工事用 ※重要	施主用	自社報告用	近隣用
全体工程表	●	●	●	△
月間工程表	●	●	●	●
週間工程表	●	●	△	●
日割り工程表	●	△	△	△
時間割り工程表	●	△	△	△
サイクル工程表	●	×	●	×
タクト工程表	●	×	●	×
ソフト工程表	●	●	△	×
安全工程表	●	×	△	×

作成する工程表の種類によって、提出する相手が変わります。最も重要な工程表は工事用です。工事用をきちんと作成し、用途に合わせて見せ方を変えていきましょう。●は必要、△は場合により必要、×は通常は不要、を示しています（資料：ハタ コンサルタント）

絶対に押さえておくべきPOINT

伝える相手に応じて工程表への記載レベルは変わる。
マイルストーンは工程管理のチェックポイント。

Chapter 12　工程はどのように管理するのか

section 3

種類に応じて工程表の作り手も変わる

　工程表にはいくつもの種類がありますが、それぞれ、作成する人は異なります。例えば、全体工程表を作成するのは現場監督や現場監督に準じるような立場の人です。工事全体を把握し、指示を出すのが現場監督の務めですから、工程表の作成時にマイルストーンを示し、それに合わせた申請や発注、指示を行っていきます。

　月間工程表や週間工程表は現場監督から渡された全体工程を参考に、実際に工事を確認する現場の担当者が作成します。実際に工事を進めていくうえで、技術者や職人・作業員が確認する機会が多い工程表だからです。工程を正確に理解していなければ職人たちからの不信を招きかねません。そのため、職人たちと密なコミュニケーションを図っている担当者が作成する場合が大半を占めます。

　本社や支店、発注者や施主に対して説明を行う際に使うのは、全体工程表や月間工程表です。近隣住民に工事のスケジュールなどを配布する場合は、近隣向けに調整した工程表を用います。近隣工程表の内容は、周知の頻度にもよりますが、月間工程表や週間工程表を簡易に表現したものを使うのが一般的です。

　この他にも、各種工程表の内容や細かさなどを右ページにまとめています。改めて工程表の種類を押さえておきましょう。

工程表どおりに進まないケースも多い

　現場では「工事が遅れている」という状況がよく発生します。その要因として、「天候不良で工事が中断」といった不確定要素が挙げられます。施工計画が甘く、当初の予定どおりに進まないといったケースもあります。こうした状況は、建設工事がオーダーメイドで、かつ、自然を相手にする仕事である以上、宿命かもしれません。現場をサポートするスタッフの皆さんもこうした事情をよく理解しておく必要があります。

❯ 各種工程表の説明と内容の細かさなどのレベル感

種類	内容	レベル感 内容の細かさ	レベル感 分かりやすさ	重要度
全体工程表	工期中の作業のうち、マイルストーンに相当する作業を記載する。また、施工者のみならず、発注者の予定とも照合する	低	高	高
月間工程表	全体工程表における各作業の詳細を記載する。あらゆる場面で使用し、最も重要な工程表の1つ	中	高	高
週間工程表	月間工程表では伝わらない詳細内容を記載する。日々の工事進捗状況は週間工程表を用いて管理する場合が多い	高	中	高
日割り工程表	週間工程表では伝わらない詳細な内容を記載する。1日単位で出来高を確認できる。1日ごとに作業が切り替わる場合に使用する	高	中	中
時間割り工程表	日割り工程表では伝わらない詳細内容を記載する。1日の中でも業者が切り替わる工事や、混在作業を防止したい工事で使用する	高	低	低
サイクル工程表	躯体工事での繰り返し作業を分かりやすく記載する。鉄骨サイクル、コンクリートサイクルなどが代表例。とび、大工、鉄筋、鉄骨、土工、溶接といった躯体業者の仕事をパターン化したもの。サイクル工程の各サイクルが類似していれば、工期短縮を図りやすい	中	高	高
タクト工程表	内装工事においての繰り返し作業を分かりやすく記載する。基本的には躯体工事後の耐火被覆や墨出しから、最後のクリーニングまでを記載する。関連する会社が多く、工期短縮は難しい	中	高	高
ソフト工程表	図面や発注、製作など、工事を進めていくうえで必要な「もの」に対する工程表。ソフト工程表がない場合、ものが間に合わず、工事の遅延につながる恐れがある	低	低	高
安全工程表	災害防止協議会などに使用する。工事における安全行事などを記す。毎月、来月の作業について作成する	低	低	高

工程表は適材適所で作成します。目的に合わせて作成しなければ意味を成しません。自己満足ではなく、工程表を読む相手の目線で作成します（資料：ハタ コンサルタント）

12 工程はどのように管理するのか

絶対に押さえておくべきPOINT

工程表は提出先を踏まえて適任者が作成する。
不確定要素による工期遅延は工事の宿命。

Chapter 12　工程はどのように管理するのか

section 4

工程表作成では休みを見込む

　工程表を作成する際は、まず、工事範囲、施工期間（工期）、人員の配置などを把握し、使用目的や提出先などを考慮したうえで工程表の種類を選定する必要があります。また、季節や作業不能日、休日なども考慮しながら適切な工程表を作成します。工程表の出来、不出来が工程管理に影響を及ぼすので、作成担当者は心して作成しなければなりません。

　工事の運営は、気象や海象、自然災害などの影響を大きく受けます。天候不良や自然災害が工事を止めてしまうこともあります。そこで、予想できる作業不能日はあらかじめ工程表に組み入れたうえで、以下のような方法で作業スケジュールを決めていきます。

　まず暦日換算係数（⑦：丸付き数字は右ページの図を参照）などを用いて、工事ごとに必要な日数（休工日なども含めた総日数）を算出します。例えば、暦日の日数（①）が30日の月で稼働日（⑥）が20日だった場合、暦日換算係数（⑦）は30÷20で1.5となります。それに対して、暦日日数（①）が31日の月で稼働日数（⑥）が18日だった場合、暦日換算係数（⑦）は31÷18で1.72となります。両者を比較すると、仮に10日かかる工事の場合、係数の大きい後者の方は10日×1.72＝17.2日の休工日も含めた日数が必要だと分かります。稼働日を計算する際の休工日には、例年の天候などを踏まえて雨天休工（④）になりそうな日数も見込みます。この時に、雨天日がカレンダーによる休工日と重なるか想定します（⑤）。

　工程表の暦日換算係数がどのようなものか理解できましたでしょうか。「現実的に休工日も含めて何日かかるのか」を計算するための係数です。暦日換算係数が小さいと、そもそも休工日が少ないので、休工日を稼働日に変えられないといった工程的に厳しい状態を示していることになります。

　試しに皆さんの今月の稼働日から暦日換算係数を計算してみてください。数字が小さい場合、忙しくて余裕のない1カ月だったのではないでしょうか。逆に大きいと、比較的余裕があったと感じられるのではないでしょうか。工

程表の作成時は暦日換算係数が大きくなるように計画しましょう。

休みを不測の事態のバッファに

通常、工期中の休みは工程表を作る前に設定しておきます。建設工事では、大半が屋外での作業なので不測の事態が付き物です。例えば台風をはじめとした自然災害の直撃を受ければ、工事が止まる可能性は高くなります。そうした状況も想定し、工程には十分な休みや予備日を設定し、不測の事態で失った稼働時間を吸収できるように備えておくのです。

● 暦日換算係数の算出例

番号	検討項目	平常月	8月(盆)	12月(年末)
①	暦日日数	30	31	31
②	休工日(1)（隔週土曜日、毎週日曜日休みの場合）	6	6	6
③	休工日(2)（祝日、盆、年末年始など）	0	5	3
④	休工日(3)（雨や雪により工事ができない想定）	5	2	5
⑤	休工日(3)と休工日(1)(2)の重複日（重なるかどうかは想定）	1	0	2
⑥	稼働日 計算式:①－(②＋③＋④)＋⑤	20	18	19
⑦	暦日換算係数 計算式:①÷⑥	1.5	1.72	1.63

暦日換算係数は現実的な工期の算出に役立ちます。仕組みを理解して、工程表の作り方に興味を持ってみましょう
(資料:ハタ コンサルタント)

工程表には余裕も見込んだ休みを入れる。
暦日換算係数で全体のバランスを調整する。

Chapter 12　工程はどのように管理するのか

section 5

工程管理に必要な事務スタッフの力

　工事現場ではいろいろな問題が生じます。そのいくつかを紹介しましょう。
　まず、下請けと元請けとの間や、作業員同士のコミュニケーションに伴うトラブル。大抵のケースは工程に余裕がない、予算が足りない、人が足りないといったことが原因です。人間関係を円滑にしたり、企業同士の協力体制を強めたりすることが解決・改善の糸口になるでしょう。
　こうしたトラブルに際して、現場を支援する事務スタッフができることは何でしょうか。例えば、現場で言い争っている人たちの間に入ってお互いの話を聞く、工期が迫りピリピリした雰囲気の場を気さくな会話で和ませるなど、ちょっとしたコミュニケーションが潤滑油となることがあります。
　建設現場はこれまで「きつい、汚い、危険の3K職場」といわれていました。現在でも作業時間に制約があったり、無理な注文や体力的な負荷でストレスが大きかったりすることもあります。そこで建設業界では近年、3Kを解消するための「新3K」を打ち出しています。新3Kとは「給料がよい：働く人々に適正な報酬を提供する」「休暇が取れる：仕事とプライベートのバランスを取るために十分な休暇を取得できる」「希望が持てる：仕事に対する意欲や展望を持てる環境を整える」です。

事務スタッフが働き方改革に一役

　新3Kの実現には現場を支援する事務スタッフの手助けも必要です。例えば、1人で管理する現場の場合では、休暇をまともに取ることができない施工技術者も多いのです。そこで、事務スタッフ側がサポートを行い、少しでも休暇が取れるような環境を作ってあげることが大切になります。
　建設業では近年、働き方改革を推進しています。しかし、残業をしなければ工事が終わらない現場は、まだまだ存在しています。こうした状況を変えていくためには、正確な進捗管理を行い、工程表に合わせた人員配置が必要です。

工程表の適切な使い方や人間関係の改善、効率的な作業環境の整備などを通じて現場を支援することは、これらの解決につながります。「ほんの小さなことでも手伝ってほしい」「猫の手も借りたい」といった思いを持つ技術者は大勢います。現場における事務スタッフのサポートは「仕事に追われ、周りの状況まで考える余裕がない」と感じている技術者を確実に減らします。皆さんの協力が建設業を変えるきっかけになるのです。

◆ 工事現場は協力し合ってこそうまくいく

事務スタッフの存在が現場の円滑油です。積極的にコミュニケーションを取って明るい現場を目指しましょう
（資料：OKA/sotck.adobe.com）

絶対に押さえておくべきPOINT

気さくなコミュニケーションが現場の潤滑油に。
現場の事務スタッフのサポートが建設業を変える。

Chapter 13 図面はどのように読むのか

section 1

仕事に合わせて図面もいろいろ

　建設業界ではいろいろな図面が使われています。現場を支援する事務スタッフの皆さんも、仕事の会話に図面の名称が出てくる場面は少なくないでしょう。それぞれがどのような図面なのか概要は知っておく必要があります。主な図面の種類とその役割を見ていきましょう。

▽**当初設計図**：初期段階で作成される設計図で、基本的な設計方針を確立するために使用する。

▽**基本設計図**：当初設計図を基に、さらに詳細な設計が進行した段階で作成。建築工事の場合は、建築物の骨格となる部分を図面化したもので、発注者や施主が希望する間取りや構造、材料、設備などを示す。建築基準法や地域の条例に適合するように作成され、施工者はこの図面をベースに発注者などへの説明を行い、施工に向けて詳細を詰める。土木工事の場合は、プロジェクトの初期に作成される図面で、構造物の大まかな構造や配置、寸法などを描く。次のステップである詳細設計の土台となる。

▽**実施設計図**：基本設計図に基づいて作成され、工事を発注するための詳細な図面。設備図や構造図などが含まれ、この図を基に現場で工事が進められる。土木工事の場合は詳細設計図がこれに該当する。

▽**施工図**：施工担当者が実施設計図（詳細設計図）を基に作成する工事用の図面。細かな形状や数値が描かれている。

▽**竣工図（完成図）**：完成した建築物や構造物を正確に表した図面で、ベースとなる施工図に、工事中に発生した変更点を反映する。

▽**平面図**：建築物や構造物などを真上から見た図面。土木工事は施工範囲が広い工事が多いので、工事エリアを示したり、工事の起点や終点、測点などを示したりする図面によく用いられる。

▽**縦断図**：道路や河川などの側面を鉛直方向に切った断面を描いた図面。工事区間の高低差や勾配、盛り土高、切り土高などを示すのに適する。

▽**横断図**：道路や河川を進行方向に対して垂直に輪切りにした断面を描い

た図面。構造物の詳細や高さ、地盤高などを示すのに用いる。

▽ **設備図**：建築物の内部の環境条件を制御するための設備機器の機種と仕様、配線・配管経路、設置箇所などに関する図面。設備工事会社は、この設備図を基に設備工事を進める。土木工事においても、電気設備や排水設備などが設置される場合は、設備の仕様や設置場所、配管経路などを示すために用いる。

▽ **電気設備図**：電気機器関連の設備についてまとめた図面。照明やコンセント、ブレーカー、分電盤などの位置や形状、配線などが詳細に記載されている。平面図や配線図、詳細図、系統図など多様な図法で表されるのも特徴。

▽ **機械設備図**：空調や給排水衛生設備などを示した図面。ダクト、エアフィルター、ボイラー、給排水管などの位置や仕様、配管経路が記される。電気設備図と同様に、平面図や配線図、詳細図、系統図などで表現される。

図面上の単位はmmが基本

上記で紹介した図面の寸法は、基本的にはmm（ミリメートル）単位で表されます。例えば、「CH3200」は天井の高さが3.2mを意味します。また、縮尺は100分の1が多く使われますが、50分の1や200分の1、500分の1などを採用することもあります。必要に応じて、寸法や尺度を読みやすく設定して図面化すると、工事の生産性向上につながります。

その他、図面には各種の記号が使われます。例えば、建築工事の図面では、通芯や構造部材の種類、鋼材の形や表面処理、開口の材質や形状などの記号が、土木工事の図面では、道路線形の起点や終点、クロソイド曲線、勾配、標高などの記号が、それぞれ使われます。

**建設事業では多様な図面が作成される。
寸法や尺度を読みやすく設定して生産性を上げる。**

Chapter 13 図面はどのように読むのか

図面を描くのは設計者だけではない

　前項の(1)当初設計図(2)基本設計図(3)実施設計図などを総称して「設計図」といいます。これに似た言葉で「設計図書」がありますが、設計図の他に仕様書や計算書、報告書など、各種書類をまとめたものを指します。

　設計図とは、目的物（建築物や構造物）の規格寸法や設計施工条件を示した図面のことです。設計者は、発注者から提供された地形図などを活用して設計図を作成し、業務成果として発注者に納品します。ただし、工事発注後に、納品された図面に契約不適合が見つかった場合、設計者はそれを修正しなければなりません。

　工事を受注した元請けの施工者は、実施設計図に従って計画します。以下、よく使われるその他の設計図を説明します。

　▽**参考図**：入札公告時に参考として提示される図面のこと。発注者は、設計者の業務成果を基に、積算の考え方を参考図にまとめる。入札希望者（施工者の候補）は、この参考図を入札価格の算定や数量計算、積算、施工などの際に参考にする。

　▽**契約図**：発注者と受注者の相互の考え方に相違がないことを図面として示すもの。具体的な工事内容が記載された実施設計図や、建築工事での確認申請図などとともに作成される。工事請負契約に基づいて作成されており、施工者はこの図のとおりに施工する必要がある。また、施工中に何らかの問題が生じ、契約どおりに施工できない場合は設計変更が必要となる。施工者は、無断で変更できないことを理解しておく必要がある。さらに、設計変更の可能性が事前に分かっていたにもかかわらず、それを契約図に盛り込まなかった場合や、独断で設計変更を行った場合は契約違反になる。

　▽**変更設計図**：施工者による事前調査で設計図に明示された条件と現況が一致しないことが判明した場合、設計図どおりに施工できないケースや、追加の測量・設計が必要となるケースが出てくる。その際、設計変更を

行うために発注者が作成するのが変更設計図。発注者は、設計審査の承認時に変更前と変更後を比較できる「変更比較図」を作成することもある。

施工者が作成する図面

設計図は設計者が中心に描きますが、元請けの施工者や下請けなどの協力会社が中心に描く図面もあります。

▽**製作図**：設計図に必要事項が十分に記載されていない場合、施工者は設計者の意図を完全には把握できず、設計図だけでは施工を進められない状況になる。そこで、設計図に不足している情報を補完する形で、目的物の形状や寸法の他、製作の工程、仕上がりの程度、検査方法、完成した製品の性能などを正確かつ簡潔に表現したのが製作図。

▽**完成図**：土木工事共通仕様書や建築工事共通仕様書などに基づいて、目的物の完成状態を記録した図面。工事が完了した際に施工者が作成し、発注者に納品する。

図面の種類と図面作成担当者ごとの責任

図面＼担当者	設計者 作成	設計者 責任	元請けの施工者 作成	元請けの施工者 責任	下請け(協力会社) 作成	下請け(協力会社) 責任
設計図	○	○	—	—	—	—
参考図	△	△	—	—	○	○
契約図	○	○	—	—	—	—
変更設計図	○	○	—	—	—	—
製作図	—	—	—	○	○	△
完成図	—	—	○	○	—	—

○は主な担当、△は補助的な担当を示す。図面の種類ごとに作成者や責任者は異なります。自身の工事現場でどのような図面が使われているか確認してみましょう(資料：ハタ コンサルタント)

絶対に押さえておくべきPOINT

**設計図は設計者の意図を施工者に伝える図面群。
施工者は設計者の意図を読み取り工事を進めていく。**

Chapter 13　図面はどのように読むのか

section 3

図面の三角法を知る

　図面の「三角法」とは、物体を3つの異なる側から見て、投影面を図面に書き出す正投影図法の1つです。1つ目は上側から、2つ目は正面側から、3つめは側面側からといった描き方です。3つの図面間には直接的な相関関係があり、1つの図面から他の2つの図面の形状や寸法を推測することができます。相関関係があるように3つの図面の整合性を取らなければなりません[注]。

　建設業において使用される図面は、多様な視点で建築物や構造物、あるいはそれらの一部などを表現します。例えば、真上から見た図面は「平面図」で、建物の間取りや配置、寸法などが平面上に描かれます。平面図は、工事現場のレイアウトや設備の配置などを表すときにもよく使われます。

　物体を正面から見た視点で表現した図面は「正面図」です。主に建物の外観やファサードなど、建物の「顔」となる最も特徴的な部分を描き、外観のイメージを伝えます。

　「立面図」は建物の全方向（正面、背面、左右の側面）から見た外観を示す図面です。正面図も立面図の一部として含まれます。また正面図を起点とし、立面図の左右の側面を表現した図面は「側面図」とも呼ばれます。側面の外観を示す図面や、高さや階層、断面構造など建物の立体的な形状や特徴を理解する図面にも用いられます。また、立面図は上空から見た方位に合わせた外観を示す図面とすることもあります。例えば、東向きの立面図は「東立面図」、北向きの立面図は「北立面図」といった具合です。

　図面は建設プロジェクトにおいて重要なコミュニケーションツールであり、施工者や関係者が共通の理解を持つために欠かせないものです。

2次元の図面から3次元の目的物をイメージ

　建設業に従事する際には、2次元の図面を3次元的にイメージする力が必要です。建設業で作成される図面は通常2次元で表現されますが、実際の建築物や構造物は3次元です。したがって、平面上に描かれた図面や記号から立

体的な形状を想像し、さらに、それを具体的でリアルな物体として形にしていく能力が求められます。

また、複数の図面（例えば、正面図、側面図、平面図、立面図など）や異なる詳細図面などを合わせて全体像を作る際に、接合部やつなぎ目の部分に不整合があれば、必要に応じて修正しなければなりません。

建設技術者は、図面を自分自身で作成する場合もあれば、他人が作成した図面を読み解かねばならない場合もあります。さらに、読み取った内容を他の関係者に説明する場面もよくあります。これらのスキルは、建設業において必須といえます。

現場を支える事務スタッフの方も簡易な図面程度は読めるようになっておくと、仕事への理解度が高まり、業務サポートの幅が広がります。身近な業務に関係する図面を広げて、内容を読み取ってみることをお勧めします。

（注）ここでの一角法、三角法は図面表現における第一角法（第一象限に対象物を置いた図面）、第三角法（第三象限に対象物を置いた図面）ではありません

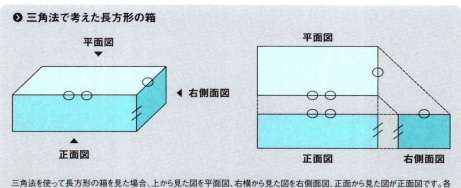

三角法を使って長方形の箱を見た場合、上から見た図を平面図、右横から見た図を右側面図、正面から見た図が正面図です。各辺に対応する長さをどの図でも同じになるよう、相関関係を持たせます（資料:ハタ コンサルタント）

三角法を理解して立体視する癖を身に付ける。
2次元から立体をイメージするスキルが大切。

Chapter 13　図面はどのように読むのか

section 4

立体図面の描き方

　建設業で用いられる立体図の描き方は、代表的なもので4種類あります。以下にそれぞれ解説していきます。

　▽**アイソメトリック図（等角図）**：略称は「アイソメ図」。立体を斜め上から見た視点で表現する図法。この図法の特徴は実際の大きさをイメージしやすい点。3次元上の各軸（X軸、Y軸、Z軸）が120度の角度で交差しており、各辺の寸法を実寸で描ける。建築や配管の分野では、立体的な構造や配管などを視覚的に把握するためによく使われる。手描きでも、ソフトウェアでも簡単に作図できる。

　▽**アクソノメトリック図**：略して「アクソメ図」と呼ばれる。立体を斜め上から投影して表示する図法で、広義にはアイソメ図もこれに含まれる。ただし、3次元上の各軸（X軸、Y軸、Z軸）が異なる角度で交差している点がアイソメ図とは異なる。アイソメ図と同様、立体的な形状を平面の図で表現できるので、建物の設計や説明などに有効。アイソメ図と同様に、手描きでもソフトウェアでも簡単に作図できる。

　▽**一点透視図法**：全ての平行線が画面上の一点に収束する透視法。奥行きや距離を視覚的に表現するのに効果的。建設業では、建物の内観パースや街並みを表現する際に多く用いられる。この技法は、特に現実感や立体感を強調するために用いられ、描かれた空間は視覚的に一段と魅力的になる。また、一点透視図法は、他の透視法と組み合わせて使うことで、さらに複雑で多層的な表現を可能にする。

　▽**キャビネット図**：物体の正面形状を正投影で表し、奥行きだけを斜めに描いた図。奥行きの長さを実際の2分の1に縮小して描き、奥行きの線を水平軸に対して45度傾けて描くのが特徴。この図法は、箱形の家具類を描くのに適しており、正面は直線的に表現され、他の面（奥行き方向）は45度傾けて描かれる。キャビネット図は、手描きでも、ソフトウェアでも簡単に描くことができる。

❯ 立方体の4種類別の描き方

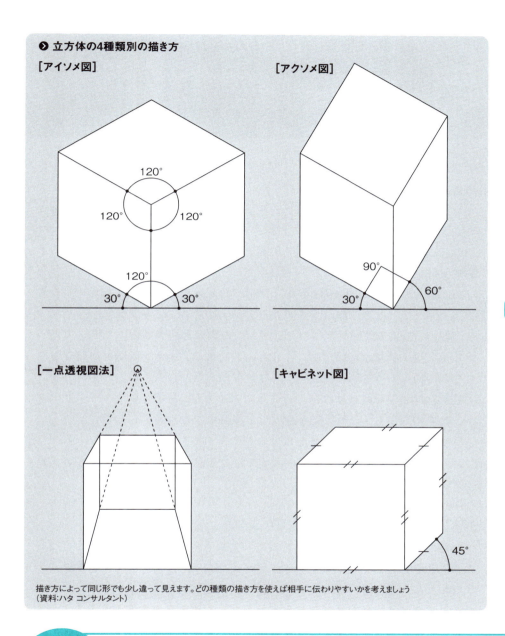

描き方によって同じ形でも少し違って見えます。どの種類の描き方を使えば相手に伝わりやすいかを考えましょう
（資料：ハタ コンサルタント）

立体図の図法は代表的なもので4種類ある。マスターすれば手描きでもソフトでも簡単に描ける。

Chapter 13　図面はどのように読むのか

section 5

施工図にも種類がある

　施工図は、設計者が作成した設計図書（意匠図、構造図、設備図など）や仕様書、事前調査の結果などを基に、施工者が工事を円滑に進めるために作成する図面です。設計図書に示された設計者の意図を、施工者の立場で理解できるように表現し直し、さらに、現場での実際の作業に必要な情報（寸法、材料、施工方法など）も盛り込んで、現場の作業員や職人が速やかに理解できるように作成しています。

　施工図は職種や工種の他、目的に応じて施工段階ごとに作成します。作成に当たっては、以下の点に留意する必要があります。

　▽設計図書の細部まで目を通し、施工を想定した図面の検討を行う
　▽意匠図や構造図、設備図、仕様書に不明点や異議がある場合は質疑を出し、設計者の意図を確認して調整する
　▽設計図に例示された情報だけでは判断できない部分や納まりがある場合は質疑を出し、設計意図を確認して調整する
　▽施工の合理化案などがあれば提案する
　▽上記の4項目の検討・調整ができたら、予算・工期・施工条件などを踏まえて施工図を作成する

特に建築工事では変更や追加が多い

　現場を支える事務スタッフの皆さんが工事で使用したり、見たりする図面のほとんどは、おそらく施工図です。特に、土木工事に比べて民間工事が多い建築工事では、発注者の要望や土地の形状に合わせて「オーダーメイドの建物」を造っているため、図面が変わるきっかけとなる変更や追加などが増えて、多種多様な施工図が作成されることになります。これら全ての施工図を理解することは難しいですが、まずは、自分がいる現場で施工中の箇所の施工図を見ることから始めましょう。

❯ 工事分類別の図面名称と作成者

工事分類			図面名称	図面の作成者	
				元請け会社	協力会社
建築工事	躯体工事	土工事	掘削図(根切図)	○	
		杭工事	杭伏図	○	
		コンクリート工事	躯体図	○	
		型枠工事	加工図		○
		鉄筋工事	加工図		○
		鉄骨工事	軸組み図		○
	仕上げ工事	内装工事	平面詳細図	○	
			天井伏図	○	
		外装工事	外装施工図		○
		石工事	石割り付け図	○	
		タイル工事	タイル割り付け図	○	
		金属製建具工事	スチール製建具施工図		○
			アルミ製建具施工図		○
	設備工事	機械設備工事	スリーブ図		○
			エレベーター図		○
			各階系統図		○
		電気通信工事	幹線系統図		○
			弱電系統図		○
土木工事	道路工事		縦断図	△	
			横断図	△	
			舗装工詳細図	△	
			用排水系統図	△	

△:土木工事は設計図を基に通常工事を進めます。変更や追加工事の場合に元請け会社が作図する場合もあります。
施工図の種類はとても多く、全ての名称を覚える必要はありません。仕事で使用する図面から理解を深め、関連図面を把握していきましょう(資料:ハタ コンサルタント)

13 図面はどのように読むのか

絶対に押さえておくべき POINT

施工図には設計図書を基に施工用の情報を入れる。
設計図書に不明点や異議があれば確認する。

Chapter 13　図面はどのように読むのか

section 6

記号のメッセージを読み取る

　建設事業で使う図面には「図面記号」と呼ぶ多様な記号が付けてあります。どのような記号があり、どのような意味を持つのでしょうか。
　一般的な設備の記号は、建設業の図面だけでなく他の業界の図面でも共通の記号が使われます。例えば、エアコンの室内機や室外機、ダクトなどの空調関連設備の記号、給水設備や排水設備に関連する記号、消火栓やスプリンクラーなどの消火設備に使われる記号。さらには、ガス栓やガス管といったガス供給設備に関連する記号など、数多くあります。

線種を使い分けて意図が伝わる図面に

　図面に引かれた線の種類を「線種」といいます。代表的な線種には「実線」「破線」「一点鎖線」「二点鎖線」などがあります。
　実線は、対象物の形状を表す「外形線」として、また、対象物の長さなどを表す「寸法線」などにも使用されます。
　破線は、対象物の見えない部分の形状を示す線で、「かくれ線」とも呼ばれます。
　「一点鎖線」は対象物の中心線を表す線、「二点鎖線」は物質としては存在しない、例えば設置スペースといった場所などを仮想的に表す線で、「想像線」ともいいます。
　その他にも線種はありますが、適切に使い分けて図面を描くと分かりやすく、見やすい図面になります。
　図面を読み進めるうちに、図面の意図が分からなくなることがあります。そのような場合は、線種の意味を振り返り、作図者の意図をくみ取りましょう。線種で図面情報を整理すると、図面全体がよく分かります。

❷ 線種のいろいろ

線種	用途による名称	用途
太い実線	外形線	対象物の見える部分の形状を表す
細い実線	寸法線	寸法を記入する線として用いる
	寸法補助線	寸法を記入するために図形から引き出す線として用いる
	引き出し線	記述・記号などを示すために引き出す線として用いる
細い破線 または太い破線	かくれ線	対象物の見えない部分の形状を表す
細い一点鎖線	中心線	図形の中心を表す
	基準線	位置決定の基準であることを示す
	ピッチ線	繰り返し図形のピッチを取る基準を示す
細い二点鎖線	想像線	実際にそこにないものを参考として表記する際に用いる
波形の細い実線	破断線	対象物の一部を破った境界、または一部を取り去った境界を表す
細い一点鎖線で端部および方向の変わる部分を太くしたもの	切断線	断面図を描く場合、平面図などでその切断位置に対応する旨を表す
細い実線で規則的に並べたもの	ハッチング	図形の限定された特定の部分を他の部分と区別する際に用いる。例えば、断面図の切り口など

図面の線にはルールがあります。線種を理解して図面を読むヒントにしましょう（資料:JIS B 0001:2019を基に作成）

13 図面はどのように読むのか

絶対に押さえておくべきPOINT

図面記号は工事の図面に使われる記号の総称。
図面上では線種を適切に使い分ける必要がある。

Chapter 13　図面はどのように読むのか

section 7

図面作成の基本ルール

　建設業で使う図面の基準についてみてみましょう。現場で図面の電子データを活用する場面は増えていますが、ここではまだ現場での利用機会が少なくない紙の図面を中心に解説します。JIS（JIS Z 8311）では、製図（印刷用）に関する一般的なルールを定めています。建設業でも基本的にはこのルールに則って図面を作成しています。例えば、製図用紙のサイズはA列サイズ（A0、A1、A2、A3、A4など）の用紙を横向きで使用するとしています。また、図面には、「輪郭」「表題欄」「中心マーク」の記載を求めています。

　輪郭とは図面の輪郭のこと。紙の図面は使っているうちに縁が汚れたり破れたりして、描かれた内容が見えなくなる恐れがあるので、これを防ぐ役割があります。輪郭を描くに当たっては、用紙の縁と輪郭線との最小幅にも一定の目安があります。

表題欄で図面の概要を表す

　表題欄は一般的に図面の右下隅に設けられるもので、図面の管理上必要な情報を記す欄です。主に以下の情報が記載されます。

　▽**図面番号**：図面を識別するための一意の番号。
　▽**図面の名称**：図面が何のものかを示す呼称。
　▽**製図者の名前**：図面を作成した企業や部署、担当者の名前。
　▽**尺度**：図面の縮尺（例：1：10）。尺度はJIS Z 8314が推奨するもののうち適当な尺度を選択。
　▽**投影法**：図面の投影法（例：正投影、斜投影）。
　▽**単位**：建設業の図面で用いる単位はmm。

　中心マークは、図面を描くうえで中心とすべき場所を分かりやすく記した記号です。輪郭線の各辺の中心に付けます。なお、図面に描ききれない大きさの情報は、尺度を変えて記載します。図面上での尺度の表記はA：Bで表します。A/Bと表現することもあります。

❯ 表題欄の参考例

設計者等表示欄	工事名称	図面番号
	図面名称　尺度	
	担当部局名	

幅:100mm〜170mm程度

表題欄で図面の尺度を確認し、まずは図面上の建物や構造物がどの程度の大きさかを把握しましょう
(資料:国土交通省「建築工事設計図書作成基準」を基に作成)

❯ 作図領域の参考例

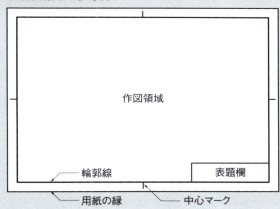

図面の作図領域を決めるためのルールを理解しましょう。適切な作図領域は図面を見やすくするので、施工の質を高めます
(資料:国土交通省「建築工事設計図書作成基準」を基に作成)

❯ 推奨尺度の種類

種別	推奨尺度
倍尺	50:1　20:1　10:1　5:1　2:1
現尺	1:1
縮尺	1:2　1:5　1:10　1:20　1:50 1:100　1:200　1:500　1:1000 1:2000　1:5000　1:10000

図面の尺度は現尺を基準とし、現物より大きくして見せる場合は倍尺、現物より小さく見せる場合は縮尺で描きます
(資料:国土交通省「建築工事設計図書作成基準」を基に作成)

13　図面はどのように読むのか

絶対に押さえておくべき POINT

製図はJIS規格の規定に準じて行う。
描ききれない大きさの情報は尺度を変えて記す。

Chapter 13　図面はどのように読むのか

section 8

施工図は誰が描くのか

　施工図は現場で作業員や職人とイメージを共有するツールとなります。施工現場での作業において、設計図で足りない部分を補足し、詳細まで計画して描き加えた図面です。通常、施工図は施工会社が責任を持って作図します。つまり、工務店やゼネコンなどが作成者となります。もし、施工図を作図する段階で間違いに気づかず、誤った状態で施工してしまうと、施工会社の責任でやり直し工事を迫られかねません。施工図は慎重に作成しなければならないのです。

　工事の規模や会社の規模に応じて異なりますが、自社に施工図を作図する部署が存在する場合もあります。施工図を作図する際に、自社で決めた基準があれば、そのルールに従うこともあります。ハウスメーカーなどは自社に施工の型が存在し、施工図もその型に合わせて作図することで効率を高めています。ただし、建築物を建てる場合、独自性を求める発注者は少なくありません。多くの施工図も独自性の高い内容になります。

施工図の専門会社を使うメリット

　一方で、小さな工務店や人手が足りない場合などは施工図を作成する人手を確保できないことが多く、結果として外注することになります。A3サイズの図面を1枚作成するのに要する期間は、規模や作図者の能力にもよりますが、完成（修正も含める）までおよそ1〜2カ月程度です。外注先としてよく利用されるのは建設に関する総合的な業務を手掛ける企業で、こうした企業が施工図の作成サービスを提供していれば、それを利用することになります。この他、上記で紹介した施工図作成の専門会社に依頼するのも1つの手です。施工図の作成を専門家に依頼すれば、以下のようなメリットを得られます。

（1）**図面の品質が高い**

　こうした専門会社は、施工図の作成担当者が協力会社と密な打ち合わせを行い、時には設計者とも相談し、実践的な図面を作成しています。現場への

配慮が行き届き、納まりの面で優れた成果品（施工図）が期待できます。

（2）対応できる工事の範囲が広い

建設工事は、現場に多様な工種の職人が入れ代わり立ち代わり出入りしながら進んでいきます。工種ごとに納め方や使用資材が異なるので、それぞれの工種の施工図の作成には特有の専門知識と技術が求められます。専門会社であれば、各工種に精通したスタッフを擁していることが多いので、難しい業務にも対応できます。

また、施工図を作図する際に補助する人を「CADオペレーター（CADオペ）」と呼びます。CADオペはCADの操作に特化しており、施工者などが打ち合わせした内容を図面に描き加える修正業務などを担っています。図面を専門的に作図する専門組織のスタッフは、ほとんどがCADオペからスタートし、業務をこなしながら施工図の作成に必要な知識を蓄積していきます。

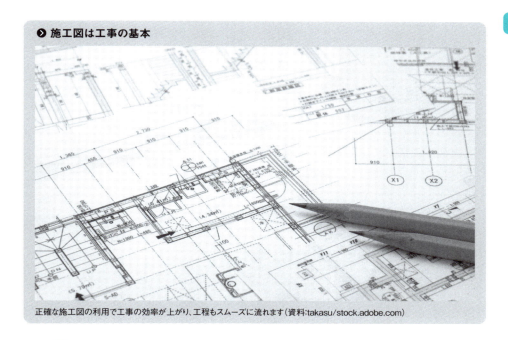

● 施工図は工事の基本

正確な施工図の利用で工事の効率が上がり、工程もスムーズに流れます（資料:takasu/stock.adobe.com）

絶対に押さえておくべき POINT

施工図の間違いは施工ミスにつながる。
図面作成の専門会社の力を借りることもある。

Chapter 13　図面はどのように読むのか

施工図の作成依頼時の留意点

　施工図は工事の良し悪しに大きく影響します。施工図の段階できめ細やかに確認し、間違いを修正し、予算や工程、安全にまで配慮できれば、施工品質の向上や、円滑な工事運営がみえてきます。そのためには、以下のポイントを押さえて、作図専門会社の技術力を見極めておく必要があります。

(1) トライアル

　まずは、簡単な施工図を依頼してみましょう。このトライアルで依頼先の図面作成のスピードや精度、描き方の癖などを確認することができます。例えば、すでに出来上がっている図面の修正などを頼むとよいでしょう。

(2) 納品後のチェック

　成果品を受け取ったらすぐに内容を確認します。関連する図面も併せて納まりや整合性をチェック。実用的な施工図として仕上がっているかを確かめます。もし、納まりが悪い部分などがあれば修正依頼を出します。

　このようなチェックは「図面チェック」と呼ばれ、施工者に求められるスキルの1つとなっています。施工者自らが「施工できるか」「品質に問題はないか」「コストは抑えられているか」「長期的な視点で維持管理しやすい構造になっているか」などを施工図から読み解きます。図面チェックは、直接形になる前の最後の砦であり、とても重要な作業です。

施工手順のリスクは現場監督と共有

　施工者は施工図を作ると同時に、施工手順も合わせて考えます。この作業によって、「設備機械の配置や配管の設置などが難しくなる」といった、施工時に生じるリスクの芽を摘むことができます。現場で納まらないことがないよう、早めに手を打っておきましょう。こうしたリスクについて、施工図担当者と現場監督とで情報を共有しておけば、円滑な工事運営につながります。

　「納まる」という言葉について理解を深めておくことが大切です。施工者が工事を進めるうえで頭を悩ますことの代表格は「納まらない」という状況で

す。「納まる」とは、建材や機器が図面どおりの場所に入る状況を意味します。例えば、リビングに大きなダイニングテーブルを置くとします。ここで、ダイニングテーブルが大きすぎてリビングに入らなければ、「納まらない」状態となります。物理的な状況にとどまらず、工程が厳しい状態やコストが合わない場合にも「納まっていない」と表現します。建設工事では「納まる」ように図面をチェックすることが重要なのです。

● 施工図を外注する際のポイント

作図時の注意点	内容
施工図作成の専門会社の得意分野を把握する	施工図作成の専門会社およびそこに所属する技術者や設計者は、建築図面、土木図面、設備図面など、得意とする分野が異なる。また、使用するソフトも違う。作図ソフトにはAutoCAD、Revit、Vectorworks、Archicad、Jw-cadなどの種類がある
納期に余裕を持たせる	施工図の作成には一定の期間を要する。現場の着工に合わせて作図期間を逆算し、間に合うように作図する。機械や器具など、製作に時間を要する場合は、さらに作図期間を考慮する
代金と支払い条件を明確にする	作図を依頼する場合、図面1枚から費用が発生する。修正回数や図面の難易度によって費用は異なるため、作図を依頼する際には見積りをもらい、工事に必要な金額として確保しておくことが重要

施工図の作成は工事段階における重要な仕事です。条件をしっかり整理して、工事に必要な書類として完成させましょう
（資料:ハタ コンサルタント）

まず簡単な依頼で品質や作成スピードを確認する。
施工図を基に早めに施工手順を検討し、リスクの芽を摘む。

Chapter 13　図面はどのように読むのか

section 10

設備図と総合図

　設備図は、建物に設置する設備（電気、空調、給排水、衛生設備など）の施工に関する情報をまとめた図面です。品質、工程、コスト、供用開始後のランニングコストやメンテナンス費用などに影響を与えます。以下に、設備施工図の特徴と扱いのポイントを説明します。

▽**設備会社とのデータ共有**：電気、空調、衛生など、多くの設備工事があれば、担当する設備会社も、各社が使用するソフトもそれぞれ異なる。情報が統一されるように設備会社全体でデータを共有し、お互いが責任をもって作図できる環境を整える。

▽**BIM(Building Information Modeling)の活用**：3次元の形状情報に加えて、室の名称・面積、材料・部材の仕様・性能、仕上げといった設計上の属性情報を持つ建物情報モデルを構築できる。BIMを使えば立体的に交差する部材や設備などの要素を効率的に調整できる。

▽**施工図の作成**：施工図（躯体図、天井割り付け図、平面詳細図など）を早期に提供し、設備図との連携を図ることで、工事を円滑に進められる。施工図は全ての図面の基準となる。

▽**衛生設備図の作成**：衛生設備図は設備図の1つ。衛生設備は水、湯、排水、冷温水、冷却水、冷媒などの流体を扱う。配管工事では、材料選定やダクト・配管のサイズ計算が必要。

▽**空調設備図の作成**：空調設備は空気の温度、湿度、気流速度、清浄度を調節する。保健用空調設備と産業用空調設備がある。

▽**電気設備図の作成**：電気設備の代表例は照明や防災設備など。記号を用いて概念的に表現され、高さの記入はない。配線の種類を凡例で示し、天井内転がし配線かスラブ埋設配管かを判断する。

▽**その他の設備図の作成**：スリーブ図やインサート図など、工事を施工する際に必要となる図面が存在する。

設備図を確認する際、以下のポイントに留意しましょう。

▽設計図の建物概要から建物の全体像を理解する
▽機器リストでどんな機械が何台くらいあるのかを確認する
▽空調や給排水設備など、配管やダクトの系統を色分けで把握し、それらが通るルートも理解する

工事関係者間の情報共有を促す総合図

　総合図は、発注者や設計者、監理者、施工者が、建築工事や設備工事などの概要と相互関係を把握し、工事の内容を共有するために作成するものです。建築工事の場合、設計図と施工図と設備図を全て合わせて天井や床下、壁の内部にどのような機能を持たせたらよいかを検討した図面を総合図と呼んでいます。正確で施工しやすい総合図を作成すれば、工事の進め方や、設計者・発注者との交渉に役立ちます。以下のような種類があります。

▽**建物の総合図**：建物全体の配置や構造を示す図面。建物の外観や階数、部屋の配置、出入り口、窓、通路などが記載されている。
▽**プロジェクトの総合図**：建物以外のプロジェクトの概要を示す図面。例えば、工場の生産ラインや公園の施設、道路の交差点などが含まれる。
▽**設備の総合図**：設備施工の総合的な図面。電気、衛生、空調、搬送などの設備がどのように配置されているかを示す。

総合図を作成する際は、次の点に注意します。
▽動線、建具位置、設備機器、その他、使い勝手に問題がないか
▽備品（家具など）の配置は考慮されているか
▽将来の間仕切りなどのニーズを考えているか
▽別途工事の内容を反映しているか
▽機器の配置で法的な問題はないか
▽隠れた部分に設置される機器やダクトなどによる影響はないか

　工事関係者間の情報共有を促すという意味で、総合図はとても大切な図面です。

**設備図は建物内の設備の施工に関する図面。
正確な総合図は、工事運営や発注者との交渉に役立つ。**

Chapter 13　図面はどのように読むのか

section 11

仕上げ表の読み方

　仕上げ表は、建物の多様な部位に施される仕上げ材や工法を詳細にまとめた表で、設計図に記載されています。「外部仕上げ」と「内部仕上げ」の2つのカテゴリーがあり、内外付属品（手すり、ガードレール、看板など）や、法規上の表現（法令に基づく仕上げの仕様や制限）、凡例（表内で使われている記号や略語、符号の説明）が載っています。

　一般に、使用する建材名や寸法、使用箇所などが分かるように記載されています。この他に備考欄や欄外に耐火構造や防火材料の認定番号などを記載します。備考欄や記事の欄などに注意書きが記載されていることもあるので、入念なチェックが必要です。

　なお、内部仕上げ表は、室内の仕上げ面の建材名が記載されているだけなので、間仕切り壁や天井裏、ペリメーターカウンター内部、外壁などの裏打ちといった直接見ることができない部分の建材については記載されていないことが多く、注意が必要です。建築設計事務所や建設会社によっては、下地材まで記載しているケースもあります。

　確認申請時に作成された設計図では、仕上げ材料などに「商品名Ａまたは同等品」と記されていることがあります。こうした表記がされている場合、仕上げ材料に「Ａ」だけが使われるとは限りません。設計時から施工時までの間で当該商品が廃番となった場合や、設計者、施工者あるいは発注者の考えで同等レベルの仕上げ材料に変更される場合も想定しているのです。竣工時には、必ず実際に使用した材料の表記を行い、竣工図として提出する必要があります。

外装関連の情報は外装図に集約

　「外装図」は建物の外部（外装）に関連する図面のことで、外壁の材料や色、模様、窓の配置などが記載・図示されます。下に例を挙げてみましょう。

　▽**外壁の仕上げ材**：石材、サイディング、タイル、ガラスなど。

▽**屋根の形状**：平屋根、寄棟屋根、切妻屋根など。
▽**屋根の材料**：瓦、スレート、金属板など。
▽**外部設備**：エアコン（室外機）、照明、排水管、雨樋などの配置。
▽**その他**：庭、駐車場、歩道、フェンス、植栽など。

こうした、外装に使う材料やその仕様をリスト化して整理したのが「外部仕上げ表」です。このリストを確認する際は、設計図の内容と照らし合わせて不備がないか確認しましょう。また、施工者目線で「かかるコストは適切か」「施工できるか」「メンテナンスできるか」などを確認しておくと、施工中だけでなく竣工後も発注者から感謝されます。

● 仕上げ表の一例

内部仕上げ材料表

名称	材質・規格など	備考
ビニルクロス	不燃認定品	具体的な製品名
タイルカーペット	500×500mm 厚さ8mm	具体的な製品名
床タイル	御影石	
ビニル巾木	H60	
岩綿吸音板	厚さ9mm	

外部仕上げ材料表

名称	材質・規格など	部位
断熱シート防水	断熱材 厚さ35mm	屋根
アルミ笠木	厚さ2mm	パラペット
アルミサッシ	アルマイト色 つや消し	建具
熱線吸収ガラス	厚さ6mm	窓ガラス
強化ガラス	厚さ15mm	風除室
ウレタン防水	コンクリート金ごて押さえ	バルコニー床

仕上げ表を読み解くと、建物などの最終形がイメージできます（資料：ハタ コンサルタント）

絶対に押さえておくべき POINT

仕上げ表には設計者の意図が込められる。
外装図には建物の外装に関する情報を記載・図示。

Chapter 13　図面はどのように読むのか

section 12

答は設計図にあり

　施工者は工事に臨む際、常に「設計図どおりに施工できているか」を意識しなければなりません。設計者は、発注者の要望を図面という形で表現します。つまり「設計図＝発注者要望」といえるのです。しかし、あくまで要望を図面にしているだけなので、施工者目線で、施工性やメンテナンス性、経済性などの検討も加えなければなりません。

　施工者目線での検討を行うときでも、まずは設計図をベースにする必要があります。工事の教科書ともいえる設計図をよく読み、理解し、その範囲内で検討を行う。結果として、発注者要望と施工者目線でのブラッシュアップの双方を実現していく。それが施工者の使命です。

　設計図を効果的に読み込むためには、以下のようないくつかのステップを踏むことが重要です。設計図を正しく理解し、発注者要望をくみ取りましょう。

　　▽設計図にも間違いはあると思って読み始める
　　▽建物の方角を確認し、通芯との関係性を理解する
　　▽建物概要の数字を理解して規模を把握する
　　▽重要な要素や不明点に色を塗り、情報を整理する
　　▽設計図での不明点はすぐに質疑を上げ、回答をもらう
　　▽設計図を繰り返し読み込み、さらなる気づきを得る

ミス防止を工事監理者任せにしない

　このように、念入りに設計図を確認しても、人はミスを犯す場合があります。そこで工事監理者が必要となるのです。工事監理者は、建築物の工事が設計図書どおりに実施されているかを確認する役割を担います。また、施工品質や仕様が一致しているかについても確認します。設計図どおりでない箇所については指摘し、施工者に修正を求めます。

　工事監理者による確認は、①立会い確認、②書類確認、③抽出による確認の

3つです。②は施工の各段階で提出される品質管理記録の書類などに対して実施します。③の抽出確認は、施工状況を踏まえつつ効果的なタイミングで都度、実施するものです。

施工中に図面の補足情報が必要になった場合、工事監理者は発注者の代理として打ち合わせに参加し、施工者に伝えます。工事監理が終了したら、その結果を報告書とともに発注者へ連絡します。

工事監理者は、建築士の資格を持つ専門家であり、建物の品質と法適合を確保する重要な役割を担います。つまり、施工者のミスを見逃さないために監理者が配置されているのです。しかし、監理者任せにせず、施工者自身が設計図どおりか否かをチェックする姿勢がなければ、よい建物はできません。現場を支える事務スタッフの皆さんも、設計図をチェックできるようになるために日々、努力しましょう。設計図の理解は建設業で働く基本になります。

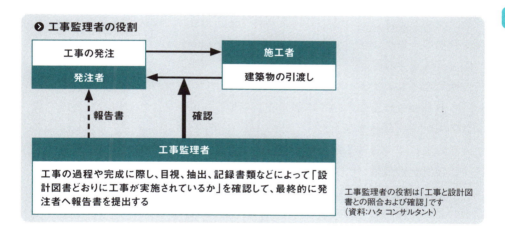

工事監理者の役割は「工事と設計図書との照合および確認」です
（資料：ハタ コンサルタント）

設計図は発注者の要望が詰まった工事の教科書。
施工者の工夫と設計どおりの施工がよい建物を造る。

Chapter 14 会議やイベントをどのように支援するのか

建設業での会議やイベントとは

　建設業界では、現場や企業内でいくつもの会議が行われています。どのような会議があるのかみていきましょう。

　プロジェクト全般について話し合う会議は、毎週や毎月など、定期的に開催されます。参加するのは現場監督や設計者、施工者などの関係者で、進捗状況や課題、課題への対応などについて関係者間で情報共有を図ります。

　現場での安全管理に関する会議もあります。建設工事では高所での作業や重機を使う作業など、危険を伴う作業が多いので安全管理が重要です。安全規定や作業方法などについて関係者間で確認し合い、意見を交換します。

　企業の経営に関する会議では、安全衛生管理や品質管理、人材育成、財務状況、法令遵守などが話し合われます。市場動向や競合他社に関する情報、新技術の導入などもテーマとなります。

　これらの会議を効率的に運営することで、プロジェクトの円滑な進行や利益目標の達成につなげます。

　建設業界で行われる代表的な会議では以下のようなものが挙げられます。

▽**現場定例会議**：発注者や設計者、元請け、工事監理者、コンサルタントなどが一堂に会する会議で、主に工事の進捗や追加・変更について協議する。定期的に行われる。

▽**工事打ち合せ**：元請けと下請けが開催する工事調整の場で、毎日決まった時間に行われる。

▽**所内会議**：元請けや下請けが自社の組織内で意思疎通を図る会議。重要な工程では毎日、通常はほぼ毎週行われる。

▽**朝礼**：元請けから下請けに当日の作業内容や安全注意事項を全作業員に伝える場。毎日行われる。朝礼という言葉はその日の工事開始を意味し、昼や夜の工事開始でも朝礼と呼ぶことが多い。

▽**近隣説明会（工事説明会）**：発注者や元請けが近隣住民に対して工事内容を説明する会議で、着工前に行われる。

▽**工事計画会議**：元請けや下請けが工事を始める前に社内で工事計画の検討・作成を行う会議で、着工前に行われる。
▽**終礼**：元請けや下請けがその日の作業終了時に工程の進捗や不具合について自社内で話し合ったり、提案を出し合ったりする場。毎日行われる。
▽**製品検査**：特定の製品の製作後あるいは製作段階で、製品が設計図どおりにできているかを確認する検査。元請けや下請け、発注者や工事監理者などが参加し、製作を担当した会社が主催する。
▽**災害防止協議会**：元請けが次月の工程における安全について、次月の工程に関わる全ての下請けなどの関係協力会社を集めて開く。毎月行われる現場もある。

会議を実のある場にするために

会議の流れや、実のある場にするためのポイントを解説します。

まずは会議の冒頭で議題を共有し、参加者が「会議の目的」を理解しているかを確認します。会議のタイムスケジュールを明確にすることで、効率的な議論ができます。

次に、各関係者が担当する工程の進捗状況や課題を報告。工事状況が計画どおりかどうかを確認し、遅れていれば必要な対策を検討します。

さらに、不具合やトラブルについて意見を交換し、問題点や改善案を検討します。その際、異なる立場や専門知識を持つ人が、多角的な視点から意見を出し、より安全で確実な方法を検討します。

そして、これらの議論を基に担当者（問題解決のための対応者）を設定して、具体的な対策を現場に指示します。最後に、会議の内容をまとめた議事録や報告書を作成。決定事項を正確に記録しておきます。

現場の事務スタッフはこういった場に積極的に参加することで、多様な知識が身に付きます。積極的に発言し、工事への理解を深めていきましょう。

**建設業界では目的に沿った多様な会議がある。
積極的に参加すると新しい知識を習得できる。**

Chapter 14　会議やイベントをどのように支援するのか

section 2

議事録の効率的な作り方

　会議では、誰がどのような発言をしたか、議事録として残すことが重要です。では、議事録はどのように作成すればよいのでしょうか。現場を支援する事務スタッフの皆さんが議事録を作成しやすいツールなども出てきており、今後はこうした業務のサポートが増えると考えられます。議事録の作成作法を知るために、まずは以下に示す例をみてみましょう。

● 会議の議事録の例

いつ （会議日）	2025年3月25日（火）	
どこで （開催場所）	現場事務所	
だれが （参加者）	発注者：田中	
	施工者：中井	
何を （会議名、内容）	名称	内容
	現場定例会議	工程の進捗確認について
なぜ （議論のきっかけ）	発言者	内容
	田中	お疲れさまです。躯体工事が工程表から3日遅れていますが、回復の見込みはありますか。地下の工事も遅れており心配です
どのように （議論の決定事項や保留事項）	発言者	内容
	中井	ご心配をおかけしてすみません。躯体工事にはあらかじめ余裕を設定しています。今回の遅れは雨によるものです。見込んだ余裕で吸収可能なので、問題ありません

議事録の基本は5W1H。基本を押さえて、誰が読んでも分かる内容にしましょう（資料：ハタ コンサルタント）

　このように5W1Hの形で記録すれば、議事録の基本を抑えることができます。しかし、上記の書き方はあまり好ましくありません。まず、施工者側が工事の遅れを「いつまでに」回復させるかを明記していません。さらには、「対

応策の実施者や責任者」が不明です。挨拶や感情といった不要な言葉が入っていることや、話し言葉で記録しているところもよくありません。

　議事録を作成するうえで大切なのは、「分からないことや決まったことを記録する」ことです。建設業の会議では専門用語が飛び交います。用語が分からない場合はその時に確認するか、または聞いたままの音をそのまま議事録に残すようにします。そして、その用語に「要確認」などと赤字で目立つように注意書きをしておけばよいのです。

　議事録は一般的に、会議終了後に作成します。そのため、議事録の作成業務が生産性低下の原因になっています。生産性を下げないようにするには、議事録を会議と同時並行で作成し、その会議内で承認（確認の署名をもらう）まで終わらせると理想的です。

文字起こしは専用ソフトを使う

　議事録は会議のやり取りをICレコーダーなどで録音しておき、会議終了後に音声データを基に作成する――というのが一般的です。この方法の場合は、会議中にやり取りの要点をメモしておくと、後の作成作業が楽になります。また、音声データから文字起こしをする際には、自動で文字に変換してくれるアプリを使いましょう。文字起こし作業が比較的楽になります。特にAIを搭載したアプリの場合は言葉の認識精度が高く、発言者の声質を覚えて発言者を整理してくれる機能を持つものもあります。

　最近ではWeb会議も増えてきており、それに連動して音声を文字に自動変換をしてくれるサービスやアプリもあります。例えば、Googleドキュメントは音声をリアルタイムで文字に変換してくれるので、Web会議の文字起こしに便利です。また、アプリには文字起こし機能の他、要点をまとめてくれる機能を持つものもあるので、比較的簡単・迅速に議事録を作成できます。

絶対に押さえておくべきPOINT

議事録作成は会議と同時並行で行うのが理想的。
音声データの文字起こしは専用アプリを利用する。

Chapter 14　会議やイベントをどのように支援するのか

section 3

イベントで絆を深める

　現場に午前7時半に入場した技術者が午後5時に退場したとすると、1日9時間半、現場にいることになります。このサイクルが毎日ほぼ同じで、1カ月で20日間の稼働、毎日1時間の昼休憩を取っているなら、8時間半×20日で1カ月当たり170時間、現場で仕事をしていることになります。これは現場の職人や作業員も同じなので、仕事を通じて技術者と職人などの間に自然と絆が生まれます。

　建設業の技術者は、若手の頃からいくつもの現場で仕事をし、そこで多くのことを学びます。特に経験豊富な熟練の職人は先生のような存在で、若手を1人の監督として認め、指示などにもきちんと耳を傾けてくれます。ただし、それだけに、怒られることや激しい議論になることがあります。現場は安全を強く意識しなければならない場所でもあるので、危険だと感じる指示などに対しては「できない」ときっぱり断られるケースも少なくありません。

　しかし、こうした真剣なやり取りが仲間意識や信頼関係を醸成します。逆に、嘘をついたり約束を破ったりするのは厳禁です。誠実に仕事をしない技術者とみなされ、それまでに築いた信頼関係は一瞬で崩壊します。分からないことは分からないと認め、素直に教えを乞うことが大切です。

伝統儀式も交流の場

　絆をより深められるのが飲み会などの親睦会です。一般的には居酒屋が会場になりますが、夏に野外で行うバーベキューパーティーや冬の餅つき大会などもあります。

　この他、現場では地鎮祭や起工式、上棟式、着工式、竣工式など、伝統を重んじた儀式もよく行われ、工事関係者と周辺地域の住民や企業とのコミュニケーションの場となっています。建設業は人が支え合ってこそ成り立つ産業です。現場の内外で行われるイベントが、工事に関わる人々のコミュニケーション促進に一役買っています。

現場で行われるイベントの例

イベント名	内容
地鎮祭	その土地に住む神を鎮め、工事の安全と繁栄を祈願する
起工式	工事に先立ち、工事の安全、建物や家の繁栄を祈る
着工式	工事が始まる前に、工事に携わる人が一堂に会して行う
建て方式	記念すべき一本目の鉄骨建て方の際に行われる
上棟式	上棟に際し、上棟まで終えたことを報告する
竣工式	建物が竣工したことを報告する
歓迎会	現場に新たに配属された社員や職人を歓迎・激励する
送別会	異動が決まった社員や仕事が完了した職人を送る
事務所開き	工事用の事務所ができたことを祝う
1日会	毎月1日に職員、または、工事関係者で交流会を行う
バーベキュー大会	夏場に工事を半日程度止めて、元請けが職人たちをねぎらう（冬場は鍋なども）
餅つき大会	正月に元請けが職人たちをねぎらう
安全祈願（しゃんしゃん）	毎月1日などに事務所内で工事の安全を祈念する
災害防止協議会	毎月1回、次月の工事に参加する会社を集め、安全や工程について周知する
足場の解体	足場が解体されると外装が見える。今まで見えなかった目的物の全貌が目の前に現れる
受電	建物内に電気を通電する。本設の電源が使用可能になる
内覧会	マンションなどの入居予定者が建物を確認する日
試泊	ホテルなどが完成したときに、発注者が関係者を招待して泊まってもらう。ホテル運営の予行演習にもなる
関係者オープン	オープンに先立ち、発注者や工事関係者のみにオープンするイベント

工事現場では定期的にイベントが行われます。コミュニケーションの場にもなるので、参加してみましょう（資料：ハタ コンサルタント）

絶対に押さえておくべきPOINT

若手にとって熟練職人との交流は成長の糧。
仕事を通じて築いた絆をイベントで深める。

Chapter 14　会議やイベントをどのように支援するのか

section 4

工事説明会で住民の理解を得る

　工事着工前、施工者は近隣住民に向けた「工事説明会」を開きます。この会議には主催する施工者だけでなく、発注者も参加することがあります。主な議題は「今後の工事について」ですが、一般の人が分かるように専門用語を極力避け、分かりやすく具体的に説明することが大切です。

　工事説明会の実施については、多くの場合、条例に明確に規定されています。例えば、東京都は都条例6条1項で「建築主は、中高層建築物を建築しようとする場合において、近隣関係住民からの申し出があったときは、建築に係る計画の内容について、説明会などの方法により、近隣関係住民に説明しなければならない」と規定しています。

　また、同条例の施行規則9条2項では、工事説明会で説明すべき内容として、次のような項目を定めています。①建築物の敷地の形態や規模、敷地内の建築物の位置、付近の他の建築物の位置の概要、②建築物の規模、構造、用途、③建築物の工期、工法、作業方法など、④建築物の工事による危害防止策、⑤建築物の建築に伴う周辺の生活環境への影響と対策――など。

　工事説明会を開く場合、事前に案内を送る必要があります。遅くとも開催日の2週間前には案内を送付することを心掛けましょう。できれば1カ月前には周知しておきたいところです。

　開催日は土日や祝日を避け、平日の夕方に設定するのが一般的です。案内はポスティングするケースが多いですが、自治会長など地域で重要な役割を持つ人物に対しては、直接訪問して案内する方がよいでしょう。案内を出す範囲は、建設しようとする建物がある区画全域が目安です。また、近くに学校や保育園がある場合は、そこに通う児童や園児の保護者も対象にします。

トラブル防止へ発注者の参加を依頼

　工事説明会ではクレームが出ることも少なくありません。工事に反対する団体も存在します。事業主体は発注者ですが、団体への対応は施工者が担う

ことも多いのです。そのような場合に備えて、工事説明会全体の時間を決め、質疑応答の時間も事前に設定しておくことが重要です。長時間になりすぎないよう注意し、円滑なコミュニケーションを図りましょう。もめそうな問題がある場合は、発注者にも質疑応答に参加してもらいましょう。

工事説明会の段取りを現場の事務スタッフが任される場合もあります。流れを理解するだけでなく、説明会を通してどのような近隣住民がいるのかを把握しておくと、工事中の対応に役立ちます。

工事説明会の流れの一例

説明会の目的と時期	
目的	何を作り、どんな工事かを近隣住民に説明する
時期	工事着工前かつ工事計画が決まった後

説明会の流れと対応者(参考例)		
1	工事関係者の紹介	発注者、施工者
2	全体工程	施工者
3	作業曜日(作業をする曜日)	施工者
4	作業時間	施工者
5	搬入車両などの動線	施工者
6	工事中におけるの日常の安全管理の方法	施工者
7	近隣住民への配慮の方法	施工者
8	トラブル発生時の緊急連絡先	施工者
9	近隣住民への協力依頼と注意事項	施工者
10	質疑応答	発注者、施工者

工事説明会は着工前に行う大切なイベントです。近隣住民に心配をかけないために、万全な準備で臨みましょう
(資料:ハタ コンサルタント)

絶対に押さえておくべきPOINT

工事説明会は近隣住民との良好な関係構築の第一歩。必要な内容を押さえて近隣住民に安心してもらう。

Chapter 14　会議やイベントをどのように支援するのか

section 5

地鎮祭とは

　工事を始める前に行う「地鎮祭」は、土地の神を祀（まつ）り、「土地を利用して建築物を造ることを許してもらうための行事」です。正式には「とこしずめのまつり」と読みます。

　地鎮祭は、暦注でいうと、大安や友引、先勝などの吉日とされる日に行われることが多いようです。また、主流は神式ですが仏式もあったり、地域や宗派によってやり方が異なったりするなど、バリエーションは豊富です。地鎮祭が行えない現場では、安全祈願で済ませる場合もあります。

　地鎮祭に参加する関係者は通常、発注者や設計者、施工者、下請けなどの協力会社、近隣住民などです。事前に参加者のスケジュール調整を行い、皆が参加できそうな吉日、かつ、天気がよさそうな日を選んでおく必要があります。もちろん、神主（仏式の場合は住職）の手配も忘れてはいけません。

供え物の準備も忘れずに

　地鎮祭には多くの作法があります。それに対しては、神主との事前の打ち合わせで確認し、どう対応すべきか具体的な指示をもらっておきましょう。地鎮祭では、神主が祝詞奏上（のりとそうじょう）の際に工事概要（場所、発注者名、施工者名、設計者名など）を話します。事前に、神主に正確な情報を伝えておく必要があります。また、祭壇に備える酒も必要です。酒は2本セットのもので、発注者と施工者が一緒に準備します。

　その他のお供え物として、米、塩、水、山の幸、海の幸を用意します。地鎮祭が終わった後、近隣住民に粗品を配る場合もあります。その際は事前に菓子折りを用意しておくとよいでしょう。地鎮祭の玉串料（たまぐしりょう）も忘れずに準備しておかなければなりません。相場は2万円から5万円程度ですが、神社や寺ごとに費用が異なります。現場を支える事務スタッフが準備を任される可能性もあるので、基本的な知識は頭に入れておきましょう。

◗ 地鎮祭で行われる項目の例

名称	作法
修祓（しゅばつ）	参列者や供え物を清める
降神（こうしん）	神を祭壇に招く
献饌（けんせん）	供え物をささげる
祝詞奏上（のりとそうじょう）	工事の安全を願う
四方祓（しほうはらい）	土地を清め、無事故を祈願する
苅初（かりぞめ）、穿初（うがちぞめ）	発注者、施工者がはじめてその土地に触れ、鎮め物を納める
玉串拝礼（たまぐしはいれい）	榊の玉串を祭壇に供える
撤饌（てっせん）	供え物を下げる
昇神（しょうしん）	神を元の場所送る

地鎮祭は着工前の大切なイベントです。内容を理解して、段取りに役立てましょう
（資料：東京都神社庁のホームページを基にハタ コンサルタントが作成）

絶対に押さえておくべきPOINT　地鎮祭には宗派や流派などのバリエーションがある。
儀式の流れの把握や供え物の準備も必要。

Chapter 14　会議やイベントをどのように支援するのか

section 6

着工と竣工の意味を知る

　着工はいつなのか。実は、これを明確に判断するのは難しいのです。「事実上は着工しているが法令上は着工とはいえない」といった状況が起こりうるからです。

　建築基準法6条では「確認済証を受け取る前に工事に着手してはならない」旨が規定されています。しかし、現実には設計前に工事の一環として地耐力（地盤の強度）の調査を実施しなければなりません。このような調査を地盤調査やボーリング調査と呼びます。この調査は「やぐら」と呼ばれる骨組みを組み、細長い孔を調査したい深さまで掘り、地盤状況を確認します。建設予定地でこのような調査が始まれば着工したように見えますが、工事計画の準備であれば、「着工とはみなされない」可能性が高いです。なぜならば、確認済証を作成するには設計図が必要で、設計図を作成するには、地盤の地耐力の情報は欠かせないからです。

　設計が完了し確認済証を受け取り、建築物や構造物に関わる仕事が始まれば、着工とみなされる可能性があります。東京都大田区のホームページの資料「工事の着手についての取扱い」によれば、「①基礎部分などを掘削する工事や山留め工事、②基礎の杭打ち工事、③建築物の基礎部分の地盤改良工事に係る建築のための工事の行為開始をもって判断することとなるが、当該工事の開始以後も客観的に当該工事が継続している必要がある」と説明しています。一方で工事の着手に該当しない行為の例として「地盤調査のための掘削」「ボーリングの実施」「地鎮祭の挙行など」が挙がっています。

　一方、竣工は、目的物（建築物や構造物）の工事が完了し、竣工検査も終わって、発注者や施主に引き渡せる状態を指します。ただし、供用に影響がない程度の軽微な補修が見つかっても問題ありません。発注者などと施工者が取り決めた期限内で、発注者側が納得する仕上がりになっていれば竣工とみなされます。

　着工や竣工のタイミングを明確にする最良の方法は、着工式や竣工式を行

うことです。発注者と施工者が明確な日付けを決めておけば、曖昧さを回避でき、施工者にとっても明確な目標が設定されて管理しやすくなります。

建物の完成を関係者で祝う

　建設工事が無事完了した後に神事としての「竣工式」を行うことがあります。建物の完成を神に報告し、感謝することで建物を清め、建物の繁栄を祈る式典です。多くはビルやマンション、社屋、商業施設といった大きな建物が完成したときに行われます。

　竣工式のメリットは、工事関係者に感謝の意を伝えられることや、建物の完成を共に祝ったり喜びを分かち合ったりできることなどです。一般的に、戸建て住宅では行われませんが、家の完成を祝って、パーティを兼ねたささやかな竣工式を開くのもよいでしょう。

　竣工とは、多くの関係者の努力が形になった証です。そのため、多くの関係者が竣工を祝います。ただし、工事の初期に参加していた事業者や途中で異動になった社員などは参加できない可能性があります。その場合は、現場の事務スタッフが記念の冊子などを作って配布すると、工事関係者からとても喜ばれます。

　建設業の仕事は人の手で造られることばかりです。そして、その成果を何らかの形にすることはとても大切です。着工から竣工まで、全ての関係者が一堂に会する竣工式を開催できれば理想的です。

　建物の竣工時に「定礎（ていそ）」と呼ばれる石やプレートを設置するケースがあります。定礎の裏には竣工の記念品を入れるための定礎箱を設置することがあり、その際には、建物や周囲の構造物の一部をくり抜いて設置します。皆さんが使っている建物の定礎を探してみましょう。

絶対に押さえておくべきPOINT

建築物の着工には一定の目安がある。
工事関係者の全員が参加する竣工式が理想。

Chapter 14　会議やイベントをどのように支援するのか

section 7

休日を充実させる

　建設業には「繁忙期」と「閑散期」があります。例えば現場は、ゴールデンウィークや盆の前後、年末、年度末、竣工、着工といった工事の節目などは多忙で、年度初めの4月から6月ごろは比較的ゆとりがあるといわれています。この他、天候や事故、災害といった不確定要素によって思わぬ業務が降りかかることもあります。現場を支える事務スタッフであれば、所属する企業の決算月は忙しくなるでしょう。建設業は、比較的休暇を取りにくい業種といえるかもしれません。

　厚生労働省の統計によると、2024年11月の建設業の一般労働者の平均労働時間は月間173.1時間、出勤日数が20.9日で、1日当たりの平均労働時間は8.3時間でした。休暇の状況は23年5月時点の建設業全体で、4週6休程度が技術者で42.2％、技能者で38.5％となっています。

　一方、4週8休以上の条件では、技術者で11.7％、技能者で12.8％にとどまります。公共工事の受注がほとんどの企業は4週8休以上が技術者で25.3％、技能者で27.9％となっていますが、民間工事の受注がほとんどの企業は4週8休以上が技術者で9.5％、技能者で8.1％でした。民間工事の受注を中心とする企業は、休暇制度の見直しが課題であることが分かります。

プライベートのイベントも大切に

　確実な休暇取得に向けて活用したいのが「休日カレンダー」です。休日カレンダーは年間休日を考慮し、就業者が適切に休暇を取るための計画書です。

　例えば、ある現場事務所では、各所員の休みをカレンダーに書き込み、作業所全体で共有しています。書き込まれた休みの中身は「家族の誕生日」「恋人との記念日」など、誰でも気軽に私生活を優先できるという環境が醸成されています。プライベートのイベントを充実させることは、心身双方のリフレッシュにつながると期待できます。積極的に休暇を取りましょう。

　建設業界も国土交通省も週休2日の推進に力を入れています。実現するた

めには、工期やスケジュールの調整、下請けなどの協力会社との連携が必要です。そこで建設技術者にできることは、施工条件の確認と工程の調整です。もちろん経営者の意識改革も必要です。建設業界では、世代によっては「働くことが正義」という考え方が残っていますが、皆で「休むことが当然」という風土を浸透させ、業界全体の労働環境を変えていきましょう。

現場の事務スタッフは現場や仲間の休日を意識し、該当者への声掛けを実施しましょう。声掛けによって休日の大切さを浸透させ、風土改革を進めていけば建設業のさらなる発展につながります。

● 現場内での個人年間休日目標の例

社内目標休日数	年間休日目標数				
	個人				
	土日出勤予定日数	取得予定振替休日数	取得予定有休日数	合計年間予定休日数	最大連休
120	24	24	15	122	8

年間で何日休日を取得するかを、着工前に決めて全員で共有します。お互いに声をかけ合い、休日を守って休める風土を定着させましょう（資料：ハタ コンサルタント）

● 建設業の労働時間と出勤日数の推移

一般労働者	月間		
	総実労働時間	所定外労働時間	出勤日数
2020年11月	175.4	14.9	21.3
2022年11月	174.7	15.7	21.1
2024年11月	173.1	14.6	20.9

上は建設業の平均値です。本社や支店、営業所で働く内勤者も含まれています（資料：厚生労働省「毎月勤労統計調査」）

絶対に押さえておくべき POINT

民間工事での休日確保は特に対策が必要。
確実な休暇取得に向けて休日カレンダーを活用する。

Chapter 14　会議やイベントをどのように支援するのか

現場の仕組みや楽しさを学ぶ

section 8

　実は、現場には驚くもの、感心するもの、ワクワクするものなど、人の好奇心や遊び心をくすぐる機械や工法がたくさんあります。例えば、超高層ビルを建設するのに不可欠なタワークレーン。どのように使われているか知っていますか。

　タワークレーンは一定の場所に設置し、柱や梁の鉄骨材や窓などの外装材を上層に運ぶ際に使います。ビルの構築が下層から上層へと移っていくとタワークレーンもこれに合わせて上へと移動していきます。その際の移動法として「フロアクライミング」と「マストクライミング」の2種類があります。

　マストクライミングとは、建物に沿ってマスト（支柱）を設置し、支柱の上端にマストを継ぎ足しながらクレーンを持ち上げていく方法です。解体するときは、逆の手順で本体を下げながらマストを外していきます。

　一方、フロアクライミングは、ベースに一定の高さのマストを設置し、ベースごと上層へ上っていく方法です。クレーンの本体を建設中の建物の最上階に固定し、ベースとマストを引き上げて目的のフロアに固定（マストは上った分がクレーンの上部に出る）。その後、クレーン本体をマスト最上部まで引き上げます。解体時には以下の3つの方法を採用します。

▽小さいクレーンを組み立てて地上に降ろす、を繰り返す
▽クレーン本体を直接解体しながら降ろしていく
▽クレーンを小分けにして分解。エレベーターなどで降ろす

レインボーブリッジ建設の秘密

　1993年に竣工した東京都内に位置するレインボーブリッジは、2つの主塔でケーブルを吊った構造を持つ長大橋です。この塔を支える基礎を設置する海底の表層は、ヘドロが多くて不安定でした。そこで用いられたのが以下のような手順で進めるニューマチックケーソン工法という特殊な工法です。
①基礎を海底まで沈める（空のコップを逆さまにして、水中に沈めるとコッ

プに水が浸入してこない状態）
②シャフトパイプから空気を送り、作業室で人が動けるようにする
③作業室の中で油圧ショベルや人力による掘削を進め、基礎を沈める
④基礎を沈めたら、その上部にシャフトパイプを連結する
⑤②〜④を繰り返し、所定の位置まで沈める
⑥作業室にコンクリートを打設し、シャフトを引き抜く

　このように、現場には新たな発見や知られざるドラマがあふれています。建設業の魅力として広く発信し、業界の活性化につなげたいものです。

どのような支援ができるか

　現場を支える事務スタッフの皆さんの場合、工事の計画に直接参加することは少ないかもしれません。しかし、建設業の発展には新しいアイデアも必要です。技術者や技能者に、今どのような工事をしているのかをヒアリングし、感じたことや思ったことを素直に伝えてみてください。案外、そのような意見から新たなヒントが生まれるかもしれません。

　技術者や技能者が工事に集中しているときは、「真っ暗なトンネルの中を、不安を抱えたまま、わずかな明かりを頼りに歩いている」ような状況かもしれません。周りに気を配る余裕がなく、トンネルに抜け道があっても気がつかない状態に陥っているのです。

　そこで、皆さんが声をかけると、トンネル内に明かりが灯り、新たな道に気がつく可能性があります。また、そのように工事に興味を持ってもらえることは、技術者や技能者にとってうれしいことでもあります。自分たちが一生懸命に仕事をしていることを理解してもらい、苦労や誇りを共有してくれることは大きな喜びにつながるからです。

　ぜひ、積極的に工事の話題で会話してみてください。そして、どのような作業でも構いませんので、「手伝えることはありませんか」と声をかけてください。その一言が建設業界を変えていくはずです。

絶対に押さえておくべきPOINT

**建設現場は驚きやドラマに満ちた一種の物語。
建設業の魅力を事務スタッフが広めることが大事。**

著者紹介

降籏 達生（ふるはた たつお）
ハタ コンサルタント株式会社　代表取締役

1961年、神戸市生まれ。小学生の時に映画「黒部の太陽」を観て、困難に負けずにトンネルを掘り進む男たちの姿に憧れる。83年に大阪大学工学部土木工学科を卒業後、熊谷組に入社。ダム工事、トンネル工事、橋梁工事など大型工事に参画。阪神淡路大震災で故郷である神戸市の惨状を目の当たりにして開眼。建設コンサルタント業を始める。建設技術者の研修受講者数延べ25万人、現場指導延べ6000件を超える。建設の専門家としてテレビ、ラジオ、新聞などの取材多数。国土交通省「地域建設産業生産性向上ベストプラクティス等研究会」「キャリアパスモデル見える化検討会」「建設業イメージアップ戦略実践プロジェクトチーム」「多能工育成・働き方改革等検討会」の委員を歴任。メールマガジン「がんばれ建設」は読者数2万5000人。

中井 良太（なかい りょうた）
ハタ コンサルタント株式会社

1986年、神戸市生まれ。阪神淡路大震災で祖母の家が全壊。「家が壊れる」悲しさから、「生活を守る建物」を造ることを目標とした。2011年に大成建設株式会社に入社。現場監督として、マンション、ホテル、空港などの建設工事に携わりながら、一級建築士を取得。その過程で、現場監督の仕事の楽しさや重要性に気づく。しかし、この魅力が世間には知られていない現実も分かり、「現場監督の魅力をもっと外に発信し、憧れの職業にしたい。さらには建設業全体をもっと魅力ある仕事にしたい」という思いが強くなった。その後、22年にハタ コンサルタント株式会社に入社。「憧れられる建設業」の実現を目標に、建設技術コンサルタントとして日々邁進している。

この1冊で技術者不足を乗り切る
建設事務スタッフ育成マニュアル

2025年3月24日　第1版第1刷発行

著者　降籏 達生　中井 良太
編者　日経コンストラクション　日経クロステック
発行者　浅野 祐一
編集スタッフ　浅野 祐一　奥野 慶四郎（フリーエディター）
発行　株式会社日経BP
発売　株式会社日経BPマーケティング
　　　〒105-8308　東京都港区虎ノ門4-3-12
クリエイティブディレクション　奥村 靫正（TSTJ Inc.）
アートディレクション　出羽 伸之（TSTJ Inc.）
デザイン　真崎 琴実（TSTJ Inc.）
印刷・製本　TOPPANクロレ株式会社

Ⓒ Tatsuo Furuhata, Ryota Nakai 2025
ISBN 978-4-296-20667-4　Printed in Japan

本書の無断複写・複製（コピー等）は著作権法上の例外を除き、禁じられています。
購入者以外の第三者による電子データ化および電子書籍化は、私的使用を含め一切認められておりません。
本書籍に関するお問い合わせ、ご連絡は下記にて承ります。
https://nkbp.jp/booksQA